PPT之光

三个维度 打造完美PPT

冯注龙◎著

电子工业出版社·
Publishing House of Electronics Industry
北京·BEIJING

内 容 简 介

你可能已经发现，制作精美的PPT不能仅仅依靠掌握一些操作技巧了。而且，你对PPT的需求，不能仅仅停留在应该去哪里找一份漂亮的PPT模板上。那么，如何做出打动人心的PPT？笔者认为应该从PPT策划上的难忘感、视觉上的设计感和演讲中的仪式感三个维度考量PPT，而本书正是围绕着这三个维度，并结合实战经验安排内容的。

本书从结构上可分为三个部分：第1章和第2章从策划维度来讲解如何让PPT增加难忘感，第3至第5章从设计维度来讲解如何让PPT提升视觉体验，第6章从演讲维度来讲解如何让PPT演讲增加仪式感。希望书中生动有趣、深入浅出的讲解，以及Before & After的案例解读方式，能够带给你直观的感受，助你做出近乎完美的PPT！

图书在版编目（CIP）数据

PPT之光：三个维度打造完美PPT / 冯注龙著 . 一北京：电子工业出版社，2019.5
ISBN 978-7-121-36088-6

Ⅰ . ①P… Ⅱ . ①冯… Ⅲ . ①图形软件 Ⅳ . ①TP391.412

中国版本图书馆CIP数据核字（2019）第038570号

策划编辑：张月萍
责任编辑：牛　勇
印　　刷：北京盛通印刷股份有限公司
装　　订：北京盛通印刷股份有限公司
出版发行：电子工业出版社
　　　　　北京市海淀区万寿路173信箱　　　　　邮编：100036
开　　本：720×1000　　　1/16　　　　印张：15.75　　　字数：364千字
版　　次：2019年5月第1版
印　　次：2020年5月第6次印刷
印　　数：85001~92000册　　　定价：69.00元

凡所购买电子工业出版社图书有缺损问题，请向购买书店调换。若书店售缺，请与本社发行部联系，联系及邮购电话：（010）88254888，88258888。
质量投诉请发邮件至zlts@phei.com.cn，盗版侵权举报请发邮件至dbqq@phei.com.cn。
本书咨询联系方式：（010）51260888-819，faq@phei.com.cn。

序言

两岸猿声啼不住，都说我像吴彦祖。

大家好，我是 @冯注龙。

能以图书的方式与你见面，真是一件开心的事情呀。

我不想写一本遍布按钮图片、文字密密麻麻的 PPT 软件"使用说明书"。因为那样不仅收获甚微，更重要的是你可能不喜欢那样的方式。

做好 PPT 应该是你达到目的的手段，而不是目的本身。否则就好像一个人在沙漠里饥渴难耐，却去赞叹：哇！这干枯的井修得真精美。你对 PPT 的需求，不能仅仅停留在应该去哪里找一份漂亮的 PPT 模板上。所以本书想从 PPT 策划上的难忘感、视觉上的设计感和演讲中的仪式感三个维度考量 PPT，想要结合实战经验和你一起探讨：如何做出打动人心的 PPT。

我认为职场人需要掌握高效办公、实用设计和动人演讲这三种能力。因为这些能力可以从效率、美感和传播三方面为你助力，而 PPT 刚好是这三种能力能够完美结合的平台。

为了追求更好的阅读体验，我们深度参与了图书的设计与排版，书中插图也由向天歌运营小揪操刀。此外特别感谢王玮、陈天萍、吴沛文和陈宇对本书的帮助。不管是在线视频课程亦或图书，我们都坚持生动有趣、深入浅出的讲解，利用 Before & After 的方式，带给你直观的感受。

道可顿悟，事须渐修。让我们开始吧。

> 复杂的事情复杂说，是**压力**。
>
> 复杂的事情简单说，是**能力**。
>
> 复杂的事情有趣说，是**魅力**。

大礼包与配套视频获取方式

本书使用软件版本为微软Office 2016

微信扫描二维码关注公众号，回复：**PPT之光**

即可下载讲解视频、素材与思考题答案等图书配套资源

书中此图标说明
此部分内容配有讲视频解

书中此图标说明
此部分内容配有可下载素材

具体操作步骤

留下你的脚印

个人一小步，人生一大步。

1969年7月20日下午4时17分42秒（美国休斯顿时间），阿姆斯特朗与奥尔德林成为了
首次踏上月球的人类。
阿姆斯特朗走出登月舱，一步步走下舷梯。9级踏板的舷梯，他花了3分钟才走完。
7月24日，"阿波罗11号"载着3名航天员安全返回地球。

即将起航前往PPT星球，
请船长签字确认：

PPT星球
学习路径图

目录

第1章

——

重塑对PPT的认识

要让PPT打动人心，光靠精美的设计还不够，还需要追求PPT策划上的难忘感。如何在一开始就先声夺人？如何制造PPT的完美瞬间？如何在结尾时让观众意犹未尽？这一系列的问题，都需要你在动手设计PPT之前，做到心中有数。

PPT 要做到：

策划上的难忘感，
视觉上的设计感，
演讲上的仪式感。

1.1 三个维度认识PPT

　　每天围绕PPT打转的日子几近十年，我一直问自己什么是好的PPT？但却苦于找不到理想的答案。所以有一天，我突发奇想做了两个有趣的实验，想借此窥探一份好的PPT必须具备怎样的特质。这两个实验给了我相当多的启发，甚至让我重新审视到底如何用PPT才能打动人心。随着一次次的演练，这两个实验成了我们向天歌公司每周的例行活动，现在与你分享。

1.1.1　PPT 盲抽演讲实验

实验目的 PPT盲抽演讲实验的核心意义在于：让人演讲一份完全陌生的PPT，从而发现PPT演讲中存在的问题。这是一个极端的挑战，没有精心的准备，没有精美的设计，没有事先准备的强有力观点，更没有安排好的观众互动。用全新的视角审视：① 观众关心什么？②演讲人需要一份什么样的PPT？

实验准备 ① 参与者15人左右。
② 带投影仪与翻页器的室内教室。
③ 摄影机。

实验步骤 ① 实验前，每人上交一份PPT（题材不限），并告知参与者全程录像。
② 第一位参与者随机抽取一份PPT进行演讲，准备时间3分钟，演讲时间3分钟。
③ 第二位参与者在前一位演讲时抽取PPT，并利用3分钟演讲间隙进行准备，以此类推。

发现问题 ① 由于时间仓促，演讲者只能照念标题或者陈述图片内容，很难用较强逻辑串联全程。
② 演讲没有鲜明的观点，甚至会出现观点与后面PPT严重对立的搞笑局面。
③ 演讲全程缺少亮点环节，缺少与观众的互动，显得异常平淡。
④ 对翻页器等设备的不熟悉以及过多的动画效果，导致演讲节奏被严重打乱。
⑤ 最关键的是，随机抽取PPT演讲，带来的直接感受是内心的惶恐和本能的抗拒，所以在演讲过程中，很难做到充沛的情感和十足的信心。

当我们面对PPT盲抽演讲实验的时候，仿佛所有的缺点都无处遁形，甚至会面对完全不懂的知识，只能靠聪明才智自圆其说。有些人的丰富演讲经验能让局面稍微和缓，但其实内心依旧是虎口脱险后的侥幸。我强烈推荐看到此处的你，能有机会组织一场这样的3分钟盲抽PPT演讲实验，因为你再也想不出比对着一份不知所云的PPT演讲还窘迫的场景了。三分情真得天下，七分情深动鬼神，希望借此实验你能深刻体会到：用心的准备、充沛的情感和十足的信心对于一份PPT弥足珍贵。

1.1.2　一小时 PPT 破壳实验

0 min

30 min

60 min

| 实验目的 | PPT破壳实验的核心意义在于：在完全实战状态下，同一群人，同一个陌生的原始文档，同样的60分钟准备时间，几十份主题相同的PPT，能在最后的PPT演讲中脱颖而出的关键是什么？ |

实验准备
① 参与者15人左右。
② 带投影仪与翻页器的室内教室。
③ 摄影机。

实验步骤
① 给参与者提供一份之前不熟悉的Word长文档。
② 要求所有参与者在60分钟内，根据提供的文档，完成PPT的设计并准备演讲。
③ 随机抽签决定演讲顺序，演讲过程全程录像。

实验收获
① 可以利用思维导图等软件快速理顺逻辑。
② 合理分配时间，否则前期投入过多时间容易造成虎头蛇尾的局面。
③ 吸引人的PPT离不开巧妙的开场、与观众的互动、动画的妙用、图片的使用等。

　　与PPT盲抽演讲实验的"发现问题"这个目的不同，PPT破壳实验更追求"亲历问题"。既然问题出现了，又能如何直面问题，在有限的时间内寻求解决之道？

　　PPT破壳实验也是快速提升团队成员PPT水平的有效方法。PPT破壳实验不仅能让优秀的人冒尖，坚持几次以后，以点带面，团队整体水平自然就提升了。每个人在60分钟时间里醉心思考，经历同一个问题，或许困顿不已，但60分钟之后，博采众长收获了十几个人不同的智慧果实，实在是很划算的买卖。

1.1.3　心中有数、手里有招与眼中有人

我听过这么一句古老的谚语：切勿带剑参加枪战。过去只注重 PPT 操作与 PPT 设计的幻灯片理念已经不是职场人最迫切的需要，缺乏策划与演讲属性的 PPT，在实战中也缺少攻城拔寨的威力。制作 PPT 不仅需要设计的能力，更需要从思考到表达的能力。PPT 不仅要有精美的设计，更要有鲜明的观点、逻辑的串联、亮点环节的穿插、情绪的酝酿、吸引人的视觉表达和动人的演讲技巧。

通过十年的 PPT 制作、企业培训和上台路演的经验，加之一次次苛刻的演讲实验，更让我明白，要做好一份好 PPT 可不是那么简单的，你需要从策划、视觉、演讲这三个维度重新审视 PPT，做到心中有数、手里有招与眼中有人。

我也是从这三个维度串联了本书内容，提出了对应的解决之道。

策划上的**难忘感**　　视觉上的**设计感**　　演讲中的**仪式感**
　　心中有数　　　　　　手里有招　　　　　　眼中有人

1

策划上的难忘感
（心中有数）

PPT 整体的谋篇布局尤为重要，"编筐编篓，重在收口；描龙画凤，难在点睛。"要让 PPT 有难忘感离不开精心策划，前期策划需要做到：心中有数。

2

视觉上的设计感
（手里有招）

视觉呈现上的设计感，是很多人爱上 PPT 的一个重要原因。因为制作 PPT 门槛低、上手简单，这才拥有了广泛的用户基础，也让无数人爱上 PPT 设计。如何设计一份有设计感的 PPT 是本书的重点，后续篇章会从软件操作和设计提升两个方面进行讲解。也只有做到操作和设计理论的灵活运用，才能真正做到手里有招。

3

演讲中的仪式感
（眼中有人）

设计一份 PPT 不是本质，演讲一份 PPT 也不是本质，PPT 的本质是让观众在你结束演讲后，行动起来，所以要带着观众的思维去做演讲。我们需要重新梳理信息结构，将文字与数据可视化，将案例故事化，只有这样才能避免单向交流。我们都厌烦冗长又缺乏创新的演讲了，不是吗？

> 一个公司的 PPT 制作水平，
> **是由最厉害的那个人决定的。**

1.2 PPT高手的四个必经阶段

从学PPT到成为PPT高手，再到围绕PPT创业，很多人说我是PPT"大神"，但其实我只是走了更多弯路罢了。回想这一路的历程，有这么4个关键的阶段：

知道　从对 PPT 的零认知开始，可能有的人被 PPT 精美的视觉设计或者酷炫的 PPT 动画吸引，从而知道了这款软件。从一无所知到开始动手制作的过程，更多地是兴趣的驱动。也正是从这时候开始，PPT 高手的第一步正式迈出，就像日本教育家木村久一所说："天才，就是强烈的兴趣和顽强的入迷。"

学到　随着对软件认识的提升，已经不再满足掌握基本的操作。你逐渐从兴趣过渡到热爱，你会投入更多精力，渴望往专业化方向努力，例如了解配色、字体和排版的知识。在这个阶段里，也会逐渐认识到 PPT 在设计方面的不足，希望掌握像 PS、摄影等方面的知识。这也是最迷人的阶段，点点滴滴地雕刻自己，积蓄自己的能量，时刻会被细小的收获打动。

得到　在这个阶段，你会跃跃欲试，总想创造出属于自己的作品。也可能通过持续的作品输出，打造属于自己的影响力。在身边人的口中，你已经是小有名气的"PPT 达人"了。你开始具备了属于自己的一套方法论、经验与心得，也因为有了 PPT 这个强技能，内心获得了成就感。一枝独秀的背后，是你对自己更严格要求的开始，你会尝试将自己的方法论通过小规模的授课，分享给身边的人。

赚到　在这个阶段，你可能可以通过 PPT 轻松养活自己。或者你和我一样，因为 PPT 发现了创业的机会，遇到了志趣相同的一群人，开始不知疲倦地奔跑。"赚到"这个阶段，很多机会会主动找到你，你也需要 PPT 之外更多的思考。PPT 能为你赋能，链接到更多厉害的人，你很有可能成为厉害的狠角色，迎来全新的机会。

1.3 PPT制作的3.5个误区

说到PPT误区，可能不少人会认为是：字体杂乱、颜色过多、排版混乱等。但是我觉得这些并不全面，因为这些都停留在设计上。如果从策划、设计、演讲三个维度出发，我觉得PPT误区应该有3.5个。

认知层面——PPT的Word化

密密麻麻的文字、把PPT当作Word使用，这样的PPT观点能做到清晰地被人吸收吗？PPT应该要点化、动人化、可视化。什么是可视化呢？

"截至目前，进度完成了70%"这句话，远不如电脑进度条的70%直观，这就是可视化的一个缩影。

前些年罗永浩和王自如在优酷直播了一次别开生面的"唇枪舌剑"。罗永浩这个老江湖自带"PPT"。所以你看，有表格、有数据、有图片、有文字的PPT，是不是更容易印证自己的观点？

逻辑层面——混沌不清

有不少人在制作PPT的时候思路凌乱，想到哪儿做到哪儿，观点无法被有效支撑。其实有不少的经典逻辑思考模型供你参考，例如5W2H、SWOT模型等。

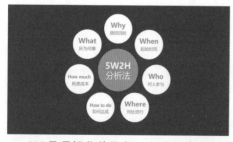

PPT是逻辑化的思考、生动化的呈现。PPT从侧面反映的是思考的能力，你必须想清楚，要通过什么逻辑来讲，别人才容易接纳。

沟通层面——自我为中心

通常我们想讲的，并不是观众最想听的。这时候，就应该从观众角度去思考，他们关注的点是什么。

例如马自达官网上的口号（slogan）是：魅力科技。但如果去农村做刷墙广告，一定是刷：开上马自达，马上就发达。

淘宝的口号大家更是耳熟能详：淘我喜欢。如果也是去刷墙，一定是刷：吃穿住行在淘宝，价格公道牌子好。

还有就是很多人在演说风格上，不注意深入浅出，大摆专业术语，产生这样的问题是因为孕妇效应。

所谓孕妇效应是指：如果你太太怀孕了，你会觉得最近身边孕妇好多；今天我买了劳力士手表，就会发现怎么那么多人戴劳力士。其实是因为你关注了一个事物，就自然而然觉得好多人和你一样了，然而真不是这样的。所以我们应该注意从观众角度出发，用大白话说明自己的观点。

技术层面——粗制滥造

之所以粗制滥造算0.5个误区，是因为这一点是深入人心的也是最容易改变的。设计层面上的粗制滥造，包括配色杂乱、图片模糊变形、滥用动画、滥用特殊字体等。

前面的三个误区值得你认真思考并牢记。PPT一定要做得好看，但仅仅好看是没用的，如何把PPT做得科学，做得更打动人心，才是值得我们思考的。如果之前，你对PPT设计缺乏经验，希望本书的设计篇能给你足够的启发。与其痛思时运不济，不如起而磨砺秃笔，以臻卓越。

做 PPT 最重要的一件事是：
保存（Ctrl+S）。

1.4 正确制作 PPT 的流程

　　谋定而后动，制作 PPT 之前，重要的是谋篇布局。要做到全局性的掌控，做到"心中有数"，应该做到逻辑的梳理、原始材料的准备、论点论据的铺陈等。本节将分享 PPT 的结构组成与制作的 5 步，提升前期策划上的效率。

1.4.1　PPT 的结构组成

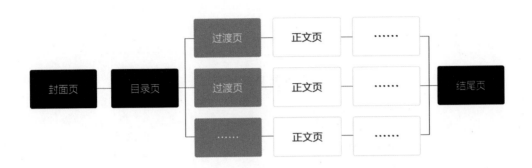

常见的 PPT 页面构成有：**封面页**、**目录页**、**过渡页**、**正文页**和**结尾页**这 5 个部分。

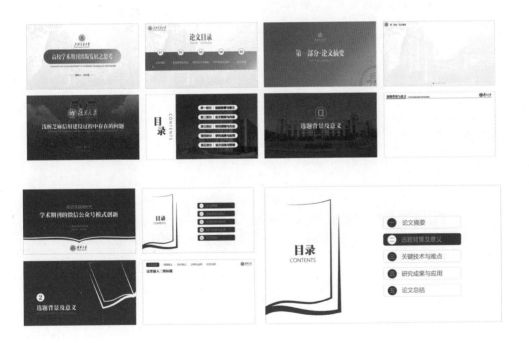

　　请大家注意，在工作汇报等演讲型 PPT 中，要注意适当取消过渡页，因为在目录页之后突然出现一个内容高度重复的过渡页，会严重干扰你的演讲节奏。你可以将目录页的要点突出展示，这样就可以将目录页和过渡页结合为一页。

1.4.2 PPT制作5步

做PPT的第一步，是把软件关了，然后好好思考并确认以下5个步骤，没想清楚，就很难写得明白，更难讲得透彻。

① **明确主题与用途**

明确主题与用途的本质是解决：我为何要做这份PPT以及它用在哪里？是为了工作汇报？产品发布？还是公司宣传介绍？在用途上需要思考：这份PPT是做了发给别人阅读的吗？如果是发给别人阅读使用，商务邮箱能不能发过去，是不是要进行图片压缩以减小文件大小？如果要用于公开演讲，那现场环境如何？需要精心做哪些准备？这些都值得思考。凡事预则立不预则废，古人诚不欺我也。

② **分析观众**

你的观众大概有多少人？知识水平的构成如何？年龄分布以及性别比例如何？还有更为重要的是，他们对你所讲主题的背景了解多少？观众如果对演讲的背景并不了解，或者知识结构与观众行业属性有很大的差异，更应该注意用生动易懂的方式阐述枯燥专业的原理，这是对演讲人的极大挑战。这就要求你在进行内容设计时充分考虑到这一情况，并为背景介绍留下时间。

检查并保存

有一天，一位从事健身行业的好朋友对我说："注龙，你知道健身最难的动作是什么吗？是器材归位。"很多事情看起来极其容易，却总被我们习惯性忽视。于是我问自己，做 PPT，最重要的是什么呢？直到有一天，我明白了：是保存。

这世界上有三样东西挽救不回来：逝去的时间、变心的爱人、没有保存的 PPT。

建议将文件保存为 PPT、PPTX 和 PDF 格式各一份，这样既保证了文件能顺利打开，又因为 PDF 格式的通用性好，还适合在手机端快速观看。罗曼·罗兰说：只有一种英雄主义，就是在认清生活真相之后依旧热爱生活。想做好一份PPT，这才刚开始呢！

确定风格并做出 Demo

确定风格指的是演讲风格与设计风格的确定。在演讲风格上，可以根据主讲人的性格与实际情况进行综合考量，确定是激情澎湃、风趣幽默、平实直白，还是专业严谨等。

在设计风格上，要从场合与观众出发，适当考虑用户的审美，因为这是一眼便知的直观感受。极简风、商务风、卡通风、中国风等不同风格都有大放异彩的可能。当我还是一个 PPT 初学者的时候，觉得稍微年长一点的人应该很喜欢中国风，但当你经历了通宵达旦的努力，满心欢喜地交出 PPT 的时候，迎接你的却是一盆冷水。切记：喜欢是一回事，用不用就是另外一回事了。如果你问他们为何不接受中国风，他们的反馈是：画面太素了，在演讲中还是喜欢画面有点活力和色彩，另外过于简洁的 PPT 也对演讲提出了更高要求。

在这一步你需要收集素材并一定要制作出幻灯片 Demo（小样）5~10 页，建议包括封面页、目录页、正文页等重要页面，并与主讲人进行沟通。切记不可闭门造车。

文字提炼与梳理

在制作一份 PPT 之前，文字一般都是密密麻麻的，且没有大小、粗细的对比，所以很难一眼在每一页 PPT 中找到核心观点。这一步是让你对文案进行梳理与删除，留下真正打动人心的文案。让文字层次在没有设计之前，就已经"跳"进你的眼里。所以文字的提炼与梳理核心是让文字内容变得可视化起来。先确定好内容与层级，为下一步设计的风格化做好铺垫才是最合理的顺序。

第2章

记不住你 =0，
让PPT有难忘感

我们都听过不少优秀的PPT演讲，甚至有些能让你在三个月后、一年后还对演讲中的观点或者主讲人记忆犹新。要做到这样可不太容易，除了极具个人魅力的演讲者本身之外，其实在演讲准备阶段，就应该加入策划的元素，预演观众的情绪波动，让大家感受到匠心独具。本章将在演讲开场、PPT标题、令人难忘的桥段和演讲结尾等方面，和大家探讨如何让PPT演讲有难忘感。

"

PPT 打动你的，
其实就那么几个瞬间。

2.1　为何需要制造完美瞬间

回首往事，你是否有过这样的经历：

学生时代平淡无奇，但你却记得毕业典礼上校长给你拨流苏的一瞬；去迪士尼游玩大都是在排队，但你回忆起的却总是坐过山车俯冲下去的瞬间；工作中常年熬夜加班，但你一想到买房的瞬间，又觉得一切是那么值得；照顾孩子身心俱疲，但你一想到他/她喊你爸爸的时刻，温暖涌上心头。

其实这些现象心理学家早就知道了，诺贝尔奖得主、心理学家丹尼尔·卡内曼（Daniel·Kahneman）告诉我们，**人们对体验的记忆由两个因素决定：高峰时与结束时的感觉，这就是峰终定律**。而这里的"峰"与"终"其实就是所谓的"关键时刻"，是服务界最具震撼力与影响力的管理概念与行为模式。

其实，峰终定律说得还不全面。《强力瞬间》的作者奇普·希思（Chip·Heath）和丹·希思（Dan·Heath）认为，只要是重要的时间节点，都容易给我们留下深刻印象。这两个结论非常重要，因为瞬间决定了用户对你的认可，他们对这段经历的总时间长度，对其中不好不坏的那些时间段的体验，则常常忘记。制造完美瞬间的核心，我理解为：**制造难忘感**。

在 PPT 中合理策划完美的瞬间，也能得到意想不到的效果。PPT 是文字、图片、音频、视频等多媒体的综合，所以有更多策划难忘瞬间的空间，相比脱稿演说，难度也会相应降低。

我将从 **PPT 演讲开场、PPT 演讲过程、PPT 演讲结尾三个时间段**，和你探索如何制造难忘瞬间。

2.2　四招设计难忘的开场

一个好的演讲开场可以有三个好处：

❶ 有机会在一开始就制造难忘的瞬间。
❷ 吸引观众的注意力，建立友善链接。
❸ 解除观众的对抗性。

那么如何在一开始就打动人心呢？我来分享四个常用的办法。

2.2.1　巧妙的自我介绍

有趣有料的自我介绍，能在第一时间引起观众的注意。要知道在你上场后，几乎所有人的疑惑都是：这个人是谁？他要干嘛？所以你应该马上用恰如其分的自我介绍做回应。介绍自己名字的方法有几个。

联想法

"大家好，我叫孙立增。今天给大家带来一个 PPT 分享'如何运用 QC 手法提升产品品质'。大家听我的名字就知道了，我来自 QC 质检控制小组，正是因为加大了品控力度，公司收入立马增多了，所以我叫孙立增。"聪明的你也想想，你的名字是否能和分享主题或者与观众相关的某一方面联系起来呢？

画面法

"大家好，我叫张陆腾。之前我因为不会做 PPT 被人嘲笑，于是报名参加了冯注龙老师的 PPT 课程，干货满满的课程对我帮助很大。我仿佛张开了想象的翅膀从陆地腾飞起来。"

名人法

"大家好啊，我叫郭德华。我可了不得，既有郭德纲的幽默，又有刘德华的帅气，所以希望今天的分享也能……"当然有些名字是无法和名人挂钩的，不妨试试有趣的混搭。要知道耳目一新更令人难忘。像我自己，由于名字太难介绍，所以我常把"两岸猿声啼不住，都说我像吴彦祖"挂在嘴边，因为说得多了，竟慢慢变成了我的小标签。后来为了延续风趣幽默的课程风格，我还创造出一些有趣的混搭，"人面桃花相映红，人人都爱冯注龙""天涯何处无芳草，带走注龙要趁早"等。

Tips：值得注意的是，自我介绍的风格与时机，要根据具体的观众人群和实际场合做调整，以适合自己为好。

2.2.2 故事导入法

　　"感人心者，莫先乎情。"每个人都喜欢听故事，特别是图文并茂的故事。在对手竞争型的现场，如果你能一开场就讲好故事，胜算真的是很大的。

　　在融资路演的现场，一位经营高空幕墙清洗机的选手，没有一开始就说自己的设备多么先进、市场潜力多大，毕竟我们见识过太多这样的演讲了。他放了两张图，并说："生活中有这么一群人，他们凌空作业，勇敢顽强，苦中做乐。他们就是给高楼做清洁的蜘蛛侠。他们工作辛苦且危险，但保险公司拒绝给他们保险，而中国每年的高楼清洗市场需求是多么巨大……"观众一下子会被打动。一个打动人心的故事开场，能让大家在嘈杂的现场，愿意静静倾听。这样，剩下的事情就容易多了。

2.2.3 问题导入法

　　这种方式不拐弯抹角，能够第一时间将观众的思绪和重点快速聚集和引导到自己想阐述的重点上，并能有效启发大家的思考。巴里·舒瓦茨（Barry Schwartz）的 TED 演讲"我们为什么要工作"，一开始就开门见山抛出一个问题：我们为什么要工作？

2.2.4 数据导入法

　　在 2009 年 TED 大会上，美国前副总统戈尔（Al Gore）做了著名的关于全球气候趋势的演讲，开头就是典型的数据引用。他是这么说的："去年我给各位展示了两个关于北极冰帽的演示，在过去的三百万年中，冰帽的面积缩减了 40%，相当于美国南方 48 个州的面积总和。"同时，戈尔还配合了可视化的动图和图表来呈现这些数据。

2.3　PPT标题的5种类型

　　美国传奇文案人罗伯特·布莱说过，无论哪一种形式的广告，读者的第一印象——也就是他们看到的第一个影像、读到的第一句话或听到的第一个声音，可能就决定了这则广告（文章）的成功或失败。当你做PPT演讲的时候，还未等你开口，你的PPT封面，一定已映入大家眼帘了。

　　一张优秀的PPT封面包含两部分，标题文案与视觉设计，二者缺一不可。但不得不说的是，有些时候，很多人过于注重设计，而忽视了文案内容的重要性。那如何在PPT标题上多一些取胜之道呢？下面和大家分享常见的PPT标题。

2.3.1　传统型

　　传统型的PPT标题与演讲主题联系紧密，一目了然，四平八稳，不容易出错，但较难引起观众内心的兴趣，比较适合用于沉稳气质的企业与单位。

2.3.2　干货型

　　每一个人都希望获取更多别人不知道的信息，特别是在短时间内就获得更多的有用知识。于是，干货型的标题就有了广阔的空间。

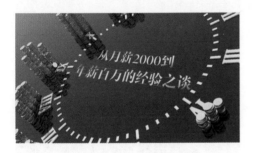

2.3.3 悬念型

演讲者上台之前，大家对主讲人已经有了浓厚的兴趣，心中满怀好奇。如果这时候，PPT 标题还能制造悬念，无疑能极大引发观众的兴趣。悬念型标题的好处就是引发别人的思考，同时，演讲多会以观点进行总结。这种类型的标题一出来，观众自然就想看看演讲者会带给自己哪些收获。

2.3.4 打破常规型

通过标题中两个对立的观点，更加衬托出要阐述的观点。正反面对比越强烈，观众的阅读兴趣就越高。

2.3.5 数字型

数字识别度高，标题带有数字会使人感觉信息含量高、专业性强，不仅增强逻辑感，还给人简单高效的感觉，而且有助于主讲人直观把握演讲逻辑线。

2.4　设置PPT中令人难忘的桥段

　　总怀疑自己的演讲平淡乏味？演讲的观点无法被人记住？不知道如何才能打动观众？其实我们可以策划一个令人难忘的举动，核心就是：提前设想一个故事高潮。一旦拥有了故事高潮，你就有了一个让观众一起欢呼的时刻，这也意味着他们从被动听讲过渡到主动参与。

　　令人难忘的桥段，有常见的三种类型。

2.4.1　难忘的举动

　　2017年罗振宇"001号知识发布会"现场，徐小平推出"徐小平创业学"专栏。演讲过程中，他带着演讲稿上场，每讲完一段，就潇洒地把演讲稿抛向空中，每当出现这样的画面，观众席中总是爆发出一阵阵的欢呼。徐小平幽默爽朗的性格、不拘一格的演讲方式令人印象深刻，现场气氛也一度达到顶峰。

　　2009年，为了引起人们对致命疟疾的关注，比尔·盖茨在加州举行的科技大会上做出惊人之举。当在演讲中提到"疟疾是由蚊子传播"时，他突然打开一个罐子并说："我带来了一些蚊子，我将让它们四处飞行，没有理由只有穷人才感染疟疾。"这番话令现场的富人名流吓得不轻。在停顿一两分钟后，盖茨大概觉得已经起到足够的"恐吓"效果，才向会场保证他放飞的那些蚊子不携带疟疾病毒。

2.4.2 难忘的金句

当然，要有这样令人难忘的举动不是一件容易的事情，因为需要和演讲主题比较贴切。可是，我们又想有一些好的创意，那应该怎么办呢？我建议大家通过金句来达到这个目标，适当的金句，会为你的演讲增色不少。在这一点上，有两个"胖子"做得很好：

一个是罗振宇，在"时间的朋友"跨年演讲中出现过很多"刷屏"的语录。另一个就是大名鼎鼎的锤子科技的罗永浩了，每一年的锤子发布会，就好像一次文化现象，光靠一张嘴，省下千万级的营销费用。

金句是观点的凝练，要有足够的沉淀与经历才能运用自如，这对普通人来说也绝非易事。专业的书籍、名人的演讲、知乎等网站都可以是我们的灵感来源。更需要重视的是对于金句的收集与整理。点点滴滴地藏，才能积成一大仓。

2.4.3 难忘的画面

PPT 比起常规脱稿演讲更打动人心，是因为 PPT 是多媒体的综合。图片的运用，能瞬间让观众有沉浸感，这种情感上的强烈共鸣，也能将演讲者的气质与演讲主题发挥得淋漓尽致。

2018 年 10 月 30 日，武侠小说泰斗金庸先生逝世，享年 94 岁。恰逢我公司月度总结，于是我把之前准备的 PPT 风格全部做了替换，用水墨武侠风寄托对一代大师的哀思。只因一个侠字结缘半生，我的这份总结 PPT，不同于别人的平铺直叙，更显用心。

2.5 三招策划难忘的结尾

对于一次成功的演讲而言，好的结尾和好的开头一样重要。演讲结束时，在讲台上让最后的用心迸发出智慧的火花，而不是用一句不痛不痒的"谢谢大家"来作为结尾。**明代学者谢榛认为："结局当如撞钟，清音有余。"**优秀的演讲者会像一位歌剧明星一样结束他们的演讲——不管在语言上还是思想上都留下一个"高音"。

2.5.1　实用法

真正的自信敢于面对台下的质疑，所以你可以很大胆地说，Question & Answer。如果实在没有亮点，也可以说，下面进入抽奖时间。

2.5.2　名言法

可以利用大图搭配名言的形式，给大家启发，相信这时候举起手机拍照的人，不在少数。

2.5.3　趣味法

有趣是最大的才情，PPT 的结尾如果能令人会心一笑，那观众崩了整场的神经也能得到休息。成功的演说能体现出启迪真理、激发感情、感染艺术、导引行动等效果。幽默风趣的结尾是整个演说幽默的升华，能将演说者所传递的信息如同印章一般印刻在观众心坎上。

2.6 演讲自检清单

开车的时候，去往新的目的地需要导航，否则无法准确到达终点；黑夜里的航船，也需要灯塔才能避免迷失在汪洋大海。所以工具的使用，会让你更有效率、更加科学。我准备了一份表单，供读者在 PPT 演讲策划阶段，更有针对性地审视自己。

PPT 演讲自检清单

借由此"十问"，来全面审视自己的 PPT 演讲。从主题内容、观众的期待、鲜明的观点和令人难忘的亮点环节来策划自己的演说。PPT 的核心，不仅是设计能力，更应该是从思考到表达的能力。

1	演讲的主题是：	
2	你的观众情况：	人数：　　　　　　　职业： 年龄：　　　　　　　知识构成：
3	观众最想听的三点可能是：	1： 2： 3：
4	观众最不能接受的三点可能是：	1： 2： 3：
5	你有提前试听并确认过这些吗？	动画、时间、衔接、PPT 页面完整、PPT 顺利打开并播放、字体完美展示
6	你的开场方式是：	□普通开场　　□互动开场　　□多媒体开场 □自我介绍开场　　□其他
7	如何打造专属于你的个人特色？	□无　　□表演　　□服装　　□号召　　□其他
8	你的演讲是否有令人难忘的举动或者金句？	举动：□无　　□有　　采用何种形式： 金句：□无　　□有　　数量情况：
9	演讲收尾的方式是：	□祝福结尾　　□歌声结尾　　□礼物结尾 □首尾呼应结尾　　□其他
10	你觉得这次演讲，观众会记住的三点是：	1： 2： 3：

第3章

设计基础：
提升PPT颜值从这些开始

追求PPT视觉呈现上的设计感，一定离不开PPT常见元素的使用。合抱之木，生于毫末；九层之台，起于累土。只有打好基础，你的PPT才更有发光发亮的机会，现在就从最基本的文字、图片、图表和配色等基础元素开始吧！

学不会设计没关系，
先学会挑剔。

3.1 趣谈设计感

在个人品牌日益重要的现在，一份好 PPT 不仅能有效传达你的观点，还有发现美和制造影响力的能力。PPT 需要追求视觉上的设计感，因为"颜值即正义"。

"颜值即正义"这一说法得到了心理学的证实。

"美即适用"效应：指的是一种心理感应现象，人们认为美好的设计更适用，美的设计会与使用者建立正面的关系。

高颜值的东西，认可度、使用度和表现度上都有提升。没有人会拒绝美，所以涉及美好的产品从视觉上来说，就比较容易接受。如果设计不好，拒人千里之外，就无法给人友好之感。

PPT有一种做法叫"高桥流"，每一页幻灯片简明扼要地打上大字即可，能瞬间让人明白意图。曾经有一段时间，我也很困惑，这样的表达方式很容易、很有效，可为什么PPT还需要精心设计呢？后来我想明白了。"大字流"可能在看到的当下很容易被识别，但是识别完就到此为止了。而好的设计却可以令人印象深刻，继而你的观点令人难忘，甚至你的人格魅力得到提升。精心设计的作品，可以停留在观众心里一个月、一年，甚至一生。

3.2 完整的PPT设计流程——鸡蛋模型

无论是通过改善功能（工业设计）还是改善沟通（传达设计），设计都是将复杂转化为清晰的一个手段。

可是不少人在制作PPT时，做的第一件事情就是找模板、想设计，这无疑是本末倒置的。设计固然重要，正确的流程是一定要遵守的，这会让你事半功倍。那么什么是科学合理的设计流程呢？我在实战中，总结出了一套经验，并为其命名：PPT鸡蛋模型。

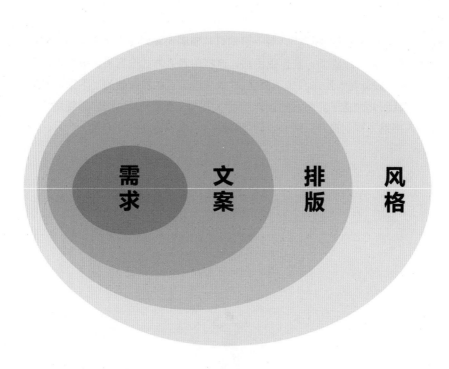

需求　文案　排版　风格

PPT鸡蛋模型

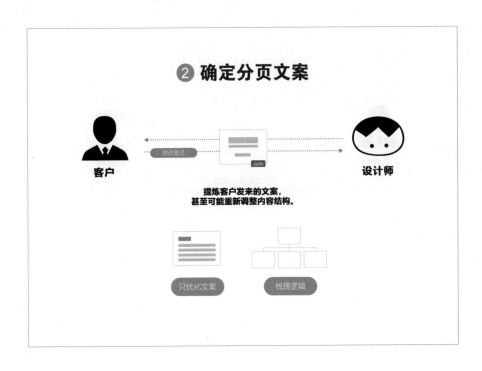

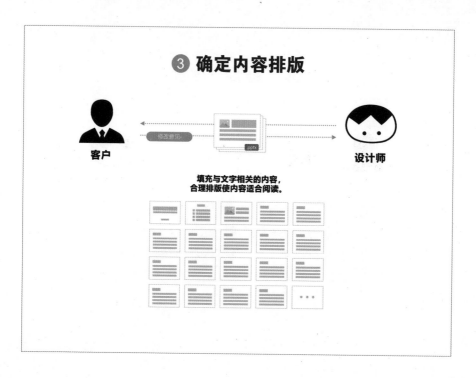

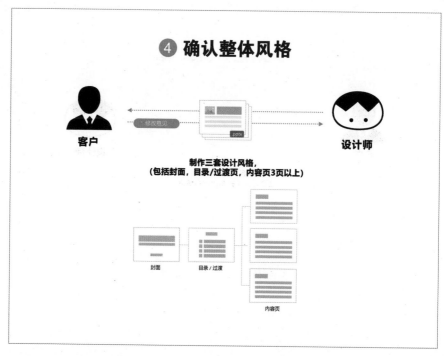

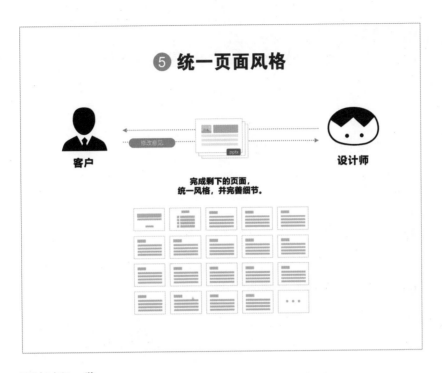

设计过程一览：

3.3

一劳永逸：5个软件设置技巧

3.3.1 横版竖版尺寸任意调

3.3.2　撤销次数：多点后悔药

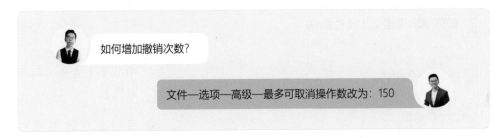

如何增加撤销次数？

文件—选项—高级—最多可取消操作数改为：150

3.3.3　设定自动保存时间：不怕电脑崩溃

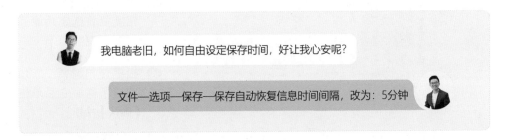

我电脑老旧，如何自由设定保存时间，好让我心安呢？

文件—选项—保存—保存自动恢复信息时间间隔，改为：5分钟

3.3.4　保存预览图：治好PPT脸盲症

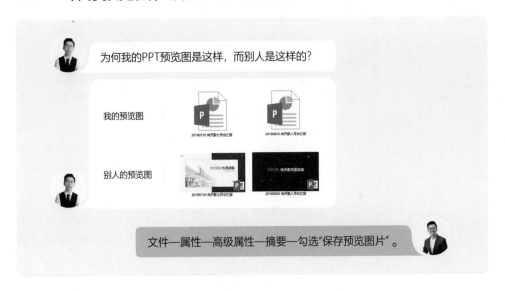

为何我的PPT预览图是这样，而别人是这样的？

文件—属性—高级属性—摘要—勾选"保存预览图片"。

3.3.5 快速访问工具栏：效率提升十倍

1 如何增加自定义工具栏命令

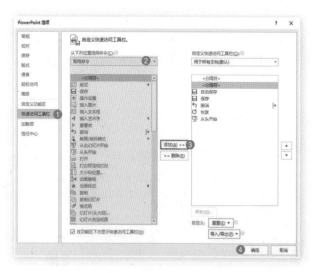

1. 在"PowerPoint选项"中找到【快速访问工具栏】。

2. 可以在该区域里找到PPT中所有的工具/功能。

3. 单击中间的【添加】按钮就能将选定功能添加至工具栏。

4. 根据使用习惯，添加完成所需命令后单击【确认】按钮。

2 如何导入自定义工具栏

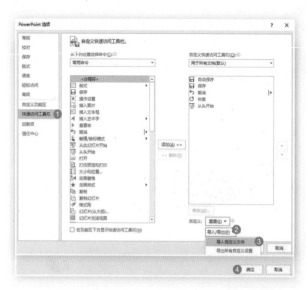

1. "在PowerPoint选项"中找到【快速访问工具栏】。

2. 在右下角【自定义】栏中找到【导入/导出】按钮。

3. 在弹出的下拉菜单中选中【导入自定义文件】选项。

4. 选中本书大礼包中的工具栏文件，单击【确认】按钮。

3 向天歌自定义工具栏展示

（本工具栏文件随书提供下载）

输入矢量文字

《PPT之光》快速访问工具栏.exportedUI

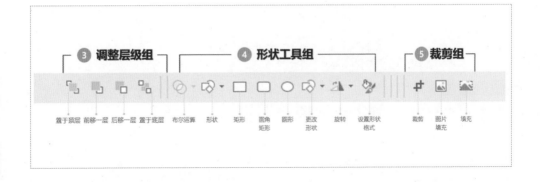

PPT 中有 80% 的按钮
都是不常用的。

3.4 十分钟快速上手 PPT

　　向天歌团队擅长制作视频课程，也深知视频有其特有的优势。PPT 操作用视频展示不仅能节省宝贵的图书版面，还能让示范更生动直观，所以我们用一个小视频，十分钟带你快速上手 PPT。

微信扫码，回复"PPT 之光"，即可查看视频。

3.5 梳理文案，让观点自己"跳出来"

假设你开着车，喜欢哪一种路牌？

3.5.1　为什么文字需要提炼

枯藤缠绕着老树，树枝上栖息着黄昏时归巢的乌鸦。小桥下，流水潺潺，旁边有几户人家。在古老荒凉的道路上，秋风萧瑟，一匹疲惫的瘦马驮着游子前行。夕阳向西缓缓落下，极度忧伤的旅人还漂泊在天涯。	**枯藤老树昏鸦** 枯藤缠绕着老树，树枝上栖息着黄昏时归巢的乌鸦。 **小桥流水人家** 小桥下，流水潺潺，旁边有几户人家。 **古道西风瘦马** 在古老荒凉的道路上，秋风萧瑟，一匹疲惫的瘦马驮着游子前行。 **夕阳西下，断肠人在天涯** 夕阳向西缓缓落下，极度忧伤的旅人还漂泊在天涯。

　　元代马致远的《天净沙·秋思》，一共只有5句28个字，但却描绘出一幅凄凉动人的秋郊夕照图，并且准确地传达出旅人凄苦的心境。相比大段的白话文，高度精炼文字后的诗歌更容易记忆和流传。

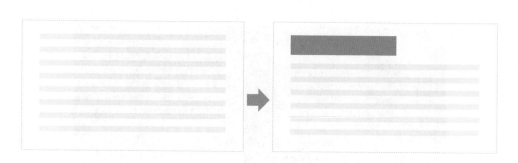

标题类文字更容易阅读和记忆。

文字的提炼具有三方面的好处：

观众：高效率地吸收信息，快速抓到重点。

演讲：让观众将注意力集中在演讲上，令自己的演讲具有更多的神秘感及期待感。

设计：文案少一些，更多的设计空间。

3.5.2　文字精简的三把武器

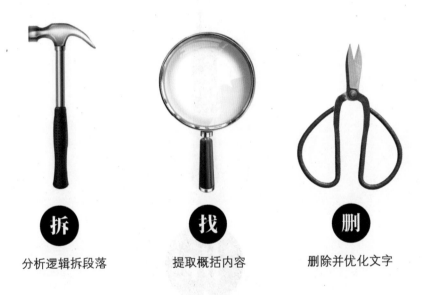

分析逻辑拆段落

原理图

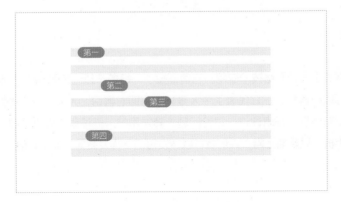

找到并列关系的副词，就能将大段文字拆开。

也可以找到时间顺序等关键词，将段落拆解。

更多时候，需要你消化完内容后进行分段。

微博是一种网络技术应用。它篇幅短小，每条不超过140个字，甚至可以三言两语。它代表了个人最真实的即时言论，人们可以用微博发布信息、发表评论、讨论问题、转发跟帖。无论是用电脑还是用手机，只要能上网，人们就可以像发短信一样发微博，非常方便。

Before

这个段落的拆解，没有捷径可寻，但通过详细阅读、消化内容就能做拆解。

① 微博是一种网络技术应用。

② 它篇幅短小，每条不超过140个字，甚至可以三言两语。

③ 它代表了个人最真实的即时言论，人们可以用微博发布信息、发表评论、讨论问题、转发跟帖。无论是用电脑还是用手机，只要能上网，人们就可以像发短信一样发微博，非常方便。

After

桂林的山真奇啊，一座座拔地而起，各不相连，像老人，像巨象，
像骆驼，奇峰罗列，形态万千；桂林的山真秀啊，像翠绿的屏障，
像新生的竹笋，色彩明丽，倒映水中；桂林的山真险啊，危峰兀立，
怪石嶙峋，好像一不小心就会栽倒下来。

Before

段落为排比句式，就可以轻松分段啦！

1. 桂林的山真奇啊，一座座拔地而起，各不相连，像老人，像巨象，像骆驼，奇峰罗列，形态万千；
2. 桂林的山真秀啊，像翠绿的屏障，像新生的竹笋，色彩明丽，倒映水中；
3. 桂林的山真险啊，危峰兀立，怪石嶙峋，好像一不小心就会栽倒下来。

After

提取概括内容

原理图

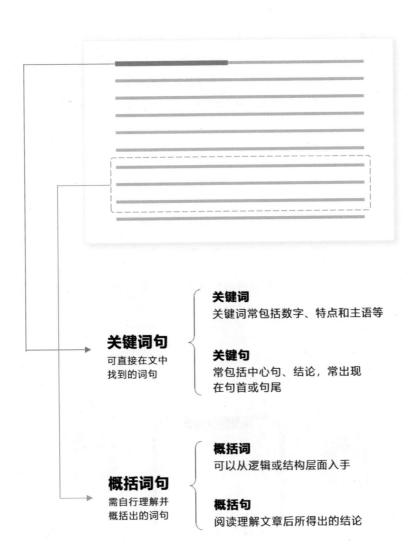

关键词句
可直接在文中
找到的词句

关键词
关键词常包括数字、特点和主语等

关键句
常包括中心句、结论，常出现
在句首或句尾

概括词句
需自行理解并
概括出的词句

概括词
可以从逻辑或结构层面入手

概括句
阅读理解文章后所得出的结论

① 微博是一种网络技术应用。

② 它篇幅短小，每条不超过140个字，甚至可以三言两语。

③ 它代表了个人最真实的即时言论，人们可以用微博发布信息、发表评论、讨论问题、转发跟帖。无论是用电脑还是用手机，只要能上网，人们就可以像发短信一样发微博，非常方便。

关键句：**微博是一种网络技术应用**

关键词：**短小　真实　即时　方便**

概括句：**微博的四大特点　什么是微博**

1. 桂林的山真奇啊，一座座拔地而起，各不相连，像老人，像巨象，像骆驼，奇峰罗列，形态万千；

2. 桂林的山真秀啊，像翠绿的屏障，像新生的竹笋，色彩明丽，倒映水中；

3. 桂林的山真险啊，危峰兀立，怪石嶙峋，好像一不小心就会栽倒下来。

关键句：**桂林的山**

关键词：**奇　秀　险**

概括句：**桂林的山的三大特点**

删除并优化文字

原理图

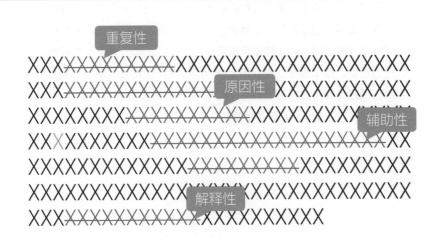

在长段落中，可根据具体情况，对以下四种性质的文字进行删除。

- **重复性文字**

  在写作中为了文章的连贯性和严谨性，作者常常会使用一些重复性文字。

- **原因性文字**

  "因为""由于""基于"等词用于表述原因，一般都可删除，保留结果性文字即可。

- **辅助性文字**

  "截至目前""已经""终于""经过""但是""所以"等辅助性文字，与 PPT 核心论点并无直接关联，可直接删除。

- **解释性文字**

  由于可口头表达，故 PPT 中关键词后面用冒号引出的、用括号括起来的解释性文字均可删除。

大家好，下面我来简单说说我们向天歌公司：公司创立的时间虽然不久，但是经过这两年的辛苦耕耘，团队也在不断壮大，目前共有课程部、设计部、制作部和运营部这四个部门。部门之间分工明确、配合默契、效率极高，也取得了一定的成绩。公司以市场为导向，时刻谨记为用户提供优质服务，公司目前的主营业务有 PPT 定制、在线课程、企业内训和收费社群。

Before

仔细阅读后，可将解释性与辅助性的文字删除。同时，通过合理的排版设计，画面中的内容能以最快的时间跃入读者眼中。

After

思考题

写出下面一则小故事中医生答话的言外之意

罗伯特是德国著名的医生。有一天，他为国王看病，国王说："你给我看病，不能像看别的人那样！"罗伯特非常平静地回答道："请原谅，陛下，在我眼里，所有的病人都是国王。"

言外之意是：

试用一句话概括京剧是怎样形成的

京剧的前身是安徽的徽剧。清乾隆五十五年（1790）起，原在南方演出的三庆、四喜、春台、和春四大徽剧戏班相继进入北京演出，它们吸收了汉调、秦腔、昆剧的部分剧目、曲调和表演方法，使徽剧与这些剧种逐渐融合，演变成一种新的声腔，更为悦耳动听，称为"京调"。清代末期民国初期，上海的戏院全都为京班所掌握，所演的 戏称为"京戏"。

概括句：

3.5.3　文案提炼实战案例

Step 1

之所以十点读书能够有今天的成绩，我觉得主要有几点：首先，我们创办得比较早，抓住了最早的一拨用户，这是不容忽视的优势；其次，在内容上，我们做得用心，团队每天都在审稿、编辑、排版上花了很多的心思，希望给读者更好的阅读体验；另外，我们会尽量让每篇美文都能配上主播的朗读音频，这样可以给我们的读者多一种阅读的方式，当他们眼睛疲劳不愿意盯着手机时，依然可以通过点进文章打开音频来接收我们的内容，这也为广大有主播梦想或者已经从事主播工作的人提供一个很好的平台展示自己；再有，我们和出版社、作者之间有很好的沟通，十点读书目前与全国百家出版社有着良好的合作关系，向400多位作者约稿，很早就解决了文章版权的问题，成为了全国出版社推荐新书、众多作者发布文章的首选平台之一。

Step 2

之所以十点读书能够有今天的成绩，我觉得主要有几点：

❶ 首先，我们创办得比较早，抓住了最早的一拨用户，这是不容忽视的优势；

❷ 其次，在内容上，我们做得用心，团队每天都在审稿、编辑、排版上花了很多的心思，希望给读者更好的阅读体验；

❸ 另外，我们会尽量让每篇美文都能配上主播的朗读音频，这样可以给我们的读者多一种阅读的方式，当他们眼睛疲劳不愿意盯着手机时，依然可以通过点进文章打开音频来接收我们的内容，这也为广大有主播梦想或者已经从事主播工作的人提供一个很好的平台展示自己；

❹ 再有，我们和出版社、作者之间有很好的沟通，十点读书目前与全国百家出版社有着良好的合作关系，向400多位作者约稿，很早就解决了文章版权的问题，成为了全国出版社推荐新书、众多作者发布文章的首选平台之一。

Step 3

十点读书成功的主要原因

- **创办较早** —— 抓住了最早的一拨用户

- **内容用心** —— 更好的阅读体验

- **朗读音频** —— 多一种阅读方式

- **原创生态圈** —— 与百家出版社、400多位作者建立了良好的链接

Step 4

十点读书成功的主要原因

创办较早　　　　　朗读音频　　　　　内容用心　　　　　原创生态圈

抓住了最早的一拨用户　　多一种阅读方式　　　更好的阅读体验　　　与百家出版社、400多位
　　　　　　　　　　　　　　　　　　　　　　　　　　　　　　作者建立了良好的链接

3.6 如何找到心仪的图片

你现在知道图片的重要性了吧？

3.6.1　为什么要使用图片

相信很多人一提起《泰坦尼克号》，脑海中都会冒出夕阳下主人公站在船头，迎风飞翔的画面。相比文字，图片更生动形象，更容易被记忆。

由于我制作 PPT 不仅高效，而且精美，所以公司特意颁发"再做一份"的荣誉。

图像诉诸视觉是具象的，大脑无须再加工，而文字却是抽象的，要在脑海中进行二次加工。所以，图片能够让信息传达更高效。

3.6.2　图片的两种类型

　　虽然素材图片的数量浩如烟海，题材也千差万别，但我们可以根据具体的使用场景，将图片分为两种类型。

1. 事实型

　　事实型图片是对客观存在事物的重现。在工作总结汇报、论文答辩或评奖评优等场合，如何证明自己的观点"言之有物"，令人信服呢？那一定离不开图片的佐证。

2. 气氛型

　　如果事实型的图片是理性的存在，那气氛型的图片还能为 PPT 赋予感性的元素。气氛型的图片可以让观众快速进入演讲人设定的情景，增强视觉上的冲击力，引发情感上的共鸣。

3.6.3　搜图的两种方法

你搜到的图片是不是总是"撞衫"？

掌握下面两个技巧，让你能想到的关键词像米一样多。

1."三大不留"联想法

当你面对关键词一筹莫展的时候，不妨试试 3W 模型，从 Who\Where\What 三个维度出发，引发联想，让更多关键词迸发出来。

例如	**Who** 对象（他、她、它）		**Where** 在哪里发生，哪些场景		**What** 做什么	
朝气	小孩	嫩芽	学校	花园	跳跃	追逐
	足迹	朝阳	夏令营	升旗仪式	飞翔	奔跑
成功	马云	奥斯卡小金人	领奖台	演讲	干杯	击掌
	奖杯	劳斯莱斯	庆功会	《时代周刊》封面	登顶	上市敲锣
创新	人工智能	四大发明	实验室	众创空间	敲代码	思考
	科研人员	大数据	VR 影院	自动化车间	生物实验	无人驾驶

2.三位"老师"换词法

好图不嫌多。为此，我特意为你请来了三位"老师"。

	英文老师：**英文词** 通过翻译工具转换为英文单词	语文老师：**同义词** 近义词，同义词		电脑老师：**标签词** 通过网站底部的标签词
快乐	happy	开心	愉悦	
专注	focus	专心	认真	
挑战	challenge	竞争	迎战	

3.6.4 选图的三个原则

捕捉好图片的**三张网**

通过三张网来检验我们的图片

符合主题　　　　　　符合气质　　　　　　高清留白

●符合主题　　●符合气质　　●高清留白　　　　　●符合主题　　●符合气质　　●高清留白

右图令人很自然地联想到黑洞、吞噬等关键词，相比左图的呆萌，在气质上也更符合文案的语境。

●符合主题　　●符合气质　　●高清留白　　　　　●符合主题　　●符合气质　　●高清留白

右图明显令人眼前一亮，观点的生动性和记忆性不言而喻。

●符合主题　　●符合气质　　●高清留白　　　　　●符合主题　　●符合气质　　●高清留白

相比左图扁平化的风格，右图的真实图片带来的冲击更为直接和强烈。

●符合主题　　●符合气质　　●高清留白　　　　　●符合主题　　●符合气质　　●高清留白

看到右图，你会想：那个不知疲倦奔跑的人，好像我哦！

●符合主题　　●符合气质　　●高清留白　　　　　●符合主题　　●符合气质　　●高清留白

给文字多一点呼吸的空间，它们其实会说话。

●符合主题　　●符合气质　　●高清留白　　　　　●符合主题　　●符合气质　　●高清留白

模糊不清的图片，会让别人对你的印象大打折扣。

3.6.5　可以去哪些网站找图

摄图网

别样网

Pexels

Pixabay

千库网

Unsplash

思考题

你聪明又多金，我要考考你：

　　请在1分钟内根据"永远保持一颗想赢的心"这句文案，在下方写下20个搜图的关键词。

3.7　图标的妙用

没有图标的第一天，想它。

图片复杂化，图标更具通识性。

3.7.1　图标的两个作用

1. 概括主题

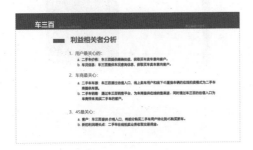

图标是有较高符号特征的元素，是文字的视觉体现，能通过意象属性传达含义，具有高度概括性。

2. 装饰点缀

图标也是 PPT 中可视化的表现，因为它本身具有基本形状和审美倾向，能很好地为画面增色。

3.7.2 去哪里下载图标

可以下载图标的网站有很多，这里推荐两个常用的网站给大家。

iconfont 矢量图标库

easyicon

3.7.3 选用图标的两个标准

1. 符合主题

　　图标除了带来视觉上的生动，还能更好地诠释文字内容，所以图标必须与文字相匹配，否则容易产生歧义。

2. 风格统一

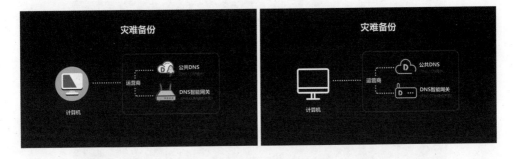

　　图标有不同的特征，包括复杂度、形状和线条粗细等。图标风格选用不当，会破坏整个画面的统一性。

思考题

　　你在生活中看到过哪些图标的真实应用场景？

3.8　如何用对图表

中国现阶段人均寿命大概只有900个月

1968年8月出生的人到2018年8月

人生就只剩下三分之一

不想阅读并不是因为我们懒，这是由我们的大脑决定的，大脑的特点决定了注意力的去向。

3.8.1 满足三个条件用对图表

① 选对图表　　② 主题明确　　③ 设计简洁

选对图表

在做图表之前，我们需要根据自己想要表达的观点，选择合适的图表类型，避免造成歧义。图表的类型有很多种，但是在平常工作中主要用到以下几种。

柱形图	柱形图通过高度比较各个数值的大小。 延伸图表：簇状柱形图，堆积柱形图，百分比堆积柱形图
条形图	条形图通过长度比较各个数值的大小。 延伸图表：簇状条形图，堆积条形图，百分比堆积条形图
饼图	反映部分与整体之间的关系。 延伸图表：复合饼图，圆环图
折线图	折线图反映数值随着时间变化的发展趋势，一般横轴为时间。 延伸图表：堆积折线图，百分比堆积折线图
散点图	散点图显示若干数据系列中各数值之间的关系。 延伸图表：气泡图，三维气泡图

案例一

　　左图饼图选择错误。右图形象化的处理，不仅让主题更明确，也提升了可读性。

案例二

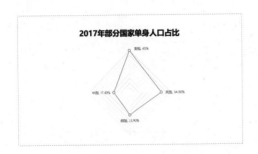
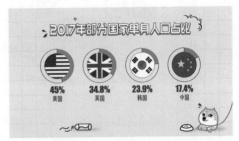

　　左图图表选择错误。右图选用饼图体现了占比情况，同时幽默又生动的视觉表达，也让人眼前一亮。

主题明确

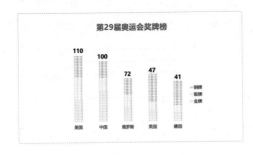
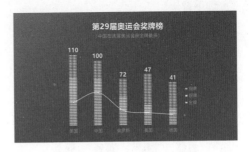

　　左图的柱形图的直接观感是：美国奖牌总数第一。而右图加入折线图后，凸显了中国金牌数第一的地位。

设计简洁

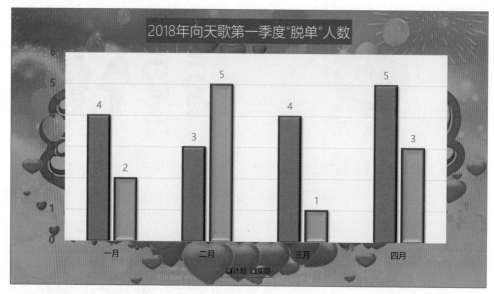

"乱花渐欲迷人眼"，各色装饰"傍身"的图表，给人华而不实的感受。

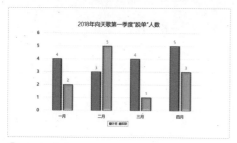

① 卸下背景

纯色背景/渐变背景/纹理背景/图片背景

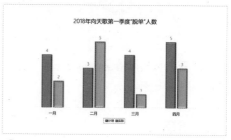

② 卸下元素

坐标轴/数据标签/网格线/图例

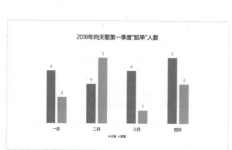

③ 卸下特效

描边/阴影/发光/三维格式

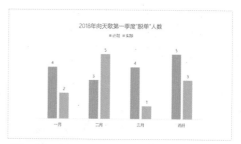

④ 重新上妆

给图表重新配色，加以设计

3.8.2 图表使用常见误区

两个数据进行对比，而不是求二者总和。

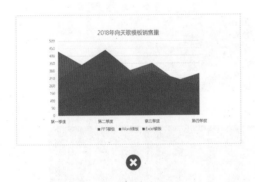

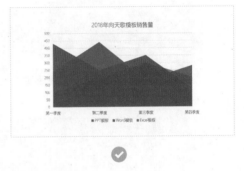

可以设置透明度，确保读者可以看到所有数据。

思考题

向天歌业绩近年来持续上涨，依此预估下一年业绩状况，应使用以下哪种图表？

柱形图　　条形图　　饼图　　折线图　　散点图

访问微信公众号"向天歌"，回复"思考题"，即可查看作品。

3.9 排版：懂行的人总是看门道

凌乱的厨房   VS   整洁的厨房

你更喜欢哪一种?

3.9.1　排版的目的

排版为风格搭建框架:

通过编排布局，突出主要内容、分出内容的重要性、制造焦点，从而引导观众的视线，更科学地获取信息。

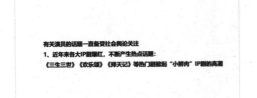

3.9.2　排版的三种常见类型

常见的排版类型有三种：第一种是以图片为主，第二种是以文字为主，第三种是以逻辑为主。

图片为主的排版

主要以产品发布、产品介绍等用途为主，在排版上重点突出产品图片。

文字为主的排版

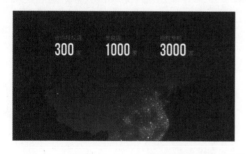 

通常是高度概括的一句话或关键词。

逻辑为主的排版

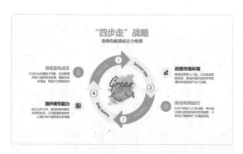 

并列、时间轴、循环及层级等逻辑关系也是版面的重要组成部分。

3.9.3 排版的四大原则

通过排版的四大原则，可以划分内容的层级，突出焦点等。

分组

分组是指将画面中有相同属性的元素进行归类呈现。当多个相关元素放在一起的时候，大脑就会形成一种反应：这已经是一个单元而非个体。

生活中的分组。

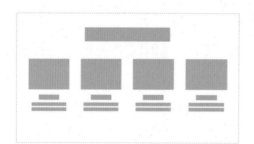 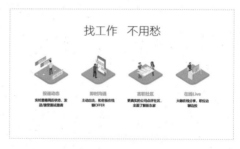

留白：也能从空间上形成分组的概念。

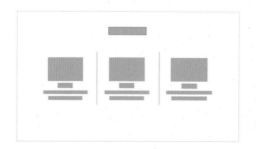 

线条：让分组显得简单又直接。

色块：如果说留白是"无形"的空间，色块就是很真切的存在。

图片：具象化的表达，让信息一目了然。

颜色：不仅有助于分类，还有助于记忆。

对比

通过大小、颜色、远近、虚实等元素的对比，构建设计的层次，告诉观众什么才是最重要的部分。

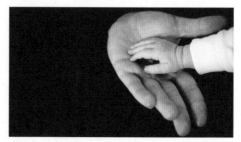

生活中的对比。

大小对比：通过元素大小的方式区分层级，对于文字的字号，建议相差1.5倍。

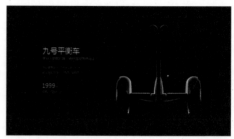

颜色对比：通过颜色的对比，强调价格。

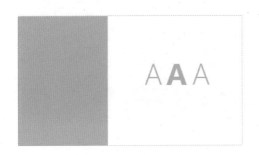 

粗细对比：让视线有个落脚点。

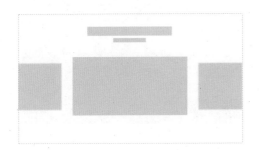 

虚实对比：突显了层次感，更突显了重点。

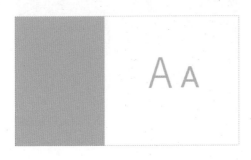 

字体对比：字体要有明显的差异，这样才有区分度。

对齐

对齐给人一种平静、安全的感觉，是让设计专业、有序的重要手段。

生活中的对齐。

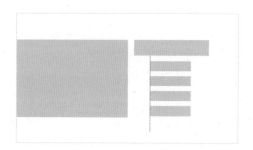

左对齐：符合阅读顺序。

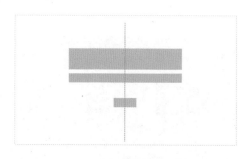

居中对齐：多用于封面，给人一种稳重感。

两端对齐：使文字看起来像块状那样整齐。

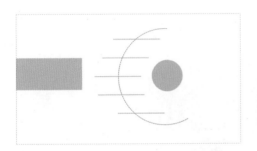 

沿线对齐：多用于时间轴等。

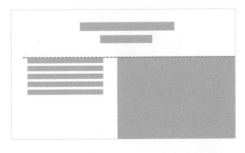 

即使元素众多，无法实现整体的对齐，也需要注意局部的对齐协调。

重复

设计中的重复并不是简单的复制，而是作品整体上按照统一元素或者规律进行设计。重复让画面看起来更加鲜明，给人的感觉是统一的、整体的、相互关联的。

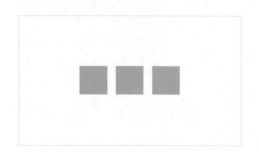 

生活中的重复。

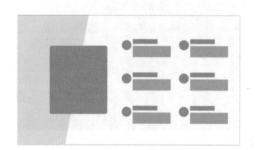 

图形重复：通过图形的重复，让内容看起来像是一组的。

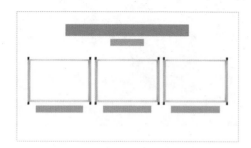 

元素重复：恰当的点缀让画面不平淡。

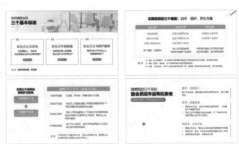

颜色重复：颜色可以参考行业属性、企业 VI 或者个人喜好。

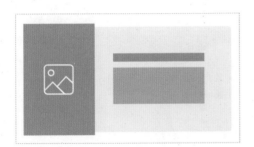

版式重复：就算翻页，信息吸收也不费力。

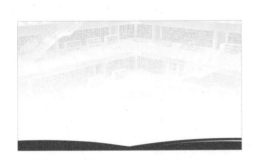

背景重复：这一看就不是东拼西凑来的作品。

3.9.4　实战案例

在实战中，排版的四大原则并不是孤立存在的，应该学会综合运用。

案例 1

Before

After

Before

After

Before

After

案例 2

Before

After

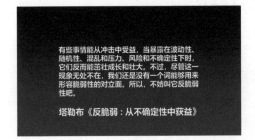

Before

After

Before

After

3.10　字体推荐与安装

换一种字体，你还会觉得"萌萌哒"吗？

3.10.1　字体的气质

字体有成千上万种，那我们要怎么选呢？这里将按照气质将字体分为 5 大类。

1. 可爱

2. 古典

3. 现代

4. 粗犷

5. 细腻

3.10.2　字体网站推荐

3.10.3　选择字体的三面镜子

数量镜

在一份 PPT 当中字体的
选择和使用不超过三种

气质镜

应当选择与 PPT 主题
气质相符合的字体

易读镜

选择容易识别、阅读的字
体，中文推荐微软雅黑

字体种类过多，会使画面凌乱且有画蛇添足之感。

字体应与画面整体气质相符，否则就是草房上安兽头——不配。

使用特殊字体是为了吸引人阅读，但不易识别的字体，会让效果大打折扣。

3.10.4　特殊字体的保存

当你使用特殊字体后，换一台没有安装此字体的电脑播放 PPT，会出现字体缺失的尴尬情况。

正常显示

字体缺失

推荐两种解决方法：文字转图片，文字转矢量。

文字转图片

如何在PPT中保存特殊字体

方法一：文字转图片

具体操作： 单击文本框，按Ctrl+X组合键剪切，按
Ctrl+V组合键粘贴，在右下角的【粘贴
选项】中单击第二个图标，就可以将文
字转成图片。

优点： 特殊字体不缺失，操作不受PPT软件版
本限制

缺点： 粘贴图片后，文字位置会发生移动且文
字不能改色

- 操作均基于PowerPoint 2013及以上版本 -

文字转矢量

如何在PPT中保存特殊字体

方法二：文字转矢量

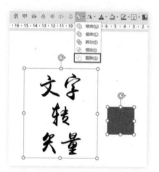

具体操作： 先单击文本框，按住Shift键，再单击形状
色块，在【绘图工具】选项卡下找到【合
并形状】，从下拉选项中选择【剪除】。

优点： 特殊字体不缺失，文字位置不变且可以
改色。

缺点： 需要在PowerPoint 2013及以上版本中才
可操作。

- 操作均基于PowerPoint 2013及以上版本 -

字体手册 ☁

　　为了帮助读者更好地了解和使用字体，我特别做了一份《向天歌字体手册》，用字体搭配相应风格场景的效果给大家呈现。许多字体的下载和安装是免费的，但用于商业目的时请大家一定注意版权问题。

思考题

　　左图使用哪种字体比较合适？

A.　幼圆
B.　方正苏诗新柳
C.　**庞门正道标题体**
D.　造字工房俊雅常规体

3.11　配色：开一家PPT颜料店

一不小心，我"完美"融入背景里。

正确配色的 "三把刷子"

通过 "三把刷子" 来检验我们的配色。

数量刷

颜色要少，一般不超过三种

气质刷

色彩的选择符合自身行业气质

易读刷

文字内容看得见，看得清

● 符合数量　　　● 符合气质　　　● 易读性　　　　　　● 符合数量　　　● 符合气质　　　● 易读性

PPT 可不是教小朋友辨颜色，所以不是越多越好。

● 符合数量　　　●符合气质　　　● 易读性　　　　　　● 符合数量　　　● 符合气质　　　● 易读性

深色系背景与局部渐变营造的科技感，比红色更突显气质。

● 符合数量　　　● 符合气质　　　● 易读性　　　　　　● 符合数量　　　● 符合气质　　　● 易读性

忽视了实用的配色，再美观也是徒劳。

颜色的气质

色彩在生活中无处不在，对引导人们的心情和行为扮演着不可或缺的角色。

在 PPT 设计中，巧妙配色更是一项必不可少的技能。对于颜色，其实是有技巧和规律可循的。

颜色是一种语言，甚至不用言语介绍，由于经历和文化上的沉淀，颜色自然会跳脱出不同的情感、特质和趋向。

颜色气质： 象征着生命、喜庆、积极、热情，有激情、有活力。
适用主题： 多用于购物、食品、党政、文化、时尚等。

颜色气质： 活泼轻快有朝气，最醒目、明亮的颜色，多用于吸引注意力。
适用主题： 儿童品牌、时尚品牌、美食和金融行业等。

蓝色 **颜色气质：** 代表着理智、成熟，传递一种商务感、公正感和可信赖感。
适用主题： 最百搭的颜色，多用于商务、技术创新和科技产品等。

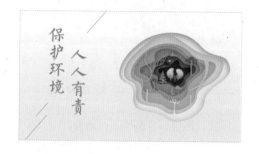

绿色 **颜色气质：** 象征着大自然原生态、健康生命、青春自然、安全。
适用主题： 多用于能源、农业、健康、医药、食品、娱乐休闲等。

紫色 **颜色气质：** 优雅且温柔，庄重又华丽，还带着一种神秘的距离感。
适用主题： 服装、慈善、餐饮、酒店、旅游、金融等。

粉色　**颜色气质**：多一份柔和可爱，彰显年轻女孩的浪漫色调，散发青春气息。
　　　　适用主题：婚庆、旅游、母婴、美容、服装、花卉、首饰等。

灰色　**颜色气质**：营造空间感，可以让画面有质感、有氛围但不张扬。
　　　　适用主题：电子产品、摄影、电器、正装、体育、机械等。

黑色　**颜色气质**：传递一种神秘、高级奢华、有力量的庄重感。
　　　　适用主题：腕表、高端定制、电子科技、运动、手机等。

优秀设计作品

多研究 UI 设计、网页设计、画册等优秀设计作品，并分析出主要配色。在合适的时候，你也能及时用在自己的 PPT 中。

参考案例来源：Dribbble

公司 VI 设计（Logo）

当你面对颜色无从下手时，不妨试试企业的 Logo 配色。

思考题

你有办法把"少女心"的粉色变得很有力量感、人见人爱吗？

3.12 修饰：快速提升画面格调

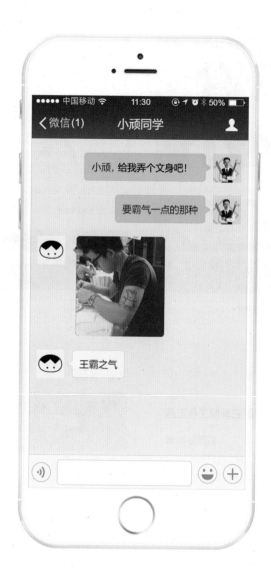

现在你知道装饰的重要性了吧？

3.12.1　修饰的组成部分

演讲型 PPT 自然可以寥寥数语，言简意赅。然而在实战中，有不少的工作汇报等场景，需要图文并茂、逻辑自洽。这时候，页面中就少不了上图中的五个元素了。

3.12.2 导航的修饰

项目汇报、工作总结等正规场合，需要体现严密的逻辑。这时候就需要使用导航条来强化分层带来的表达顺序。

常见的设计有：

3.12.3　抬头的修饰

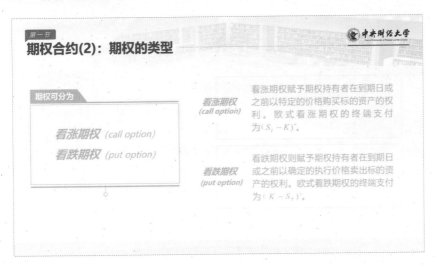

如果说导航条是对整份 PPT 的宏观把控，那抬头信息就是当前页 PPT 的重点内容。

常见的设计有：

3.12.4　标题的修饰

小细节也有大心思，最易被忽略的地方，更能体现你的用心。

点线面　点线面的修饰，是最常见的技法。

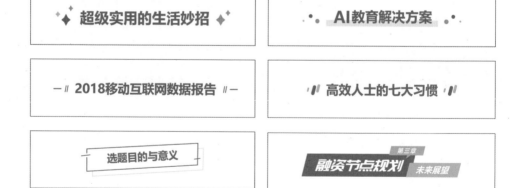

图形化　图形化的应用，能让画面更灵动。

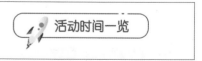

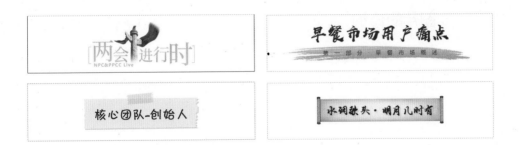

灵感哪里找

花瓣网：搜索"H5"或"信息长图"的画板

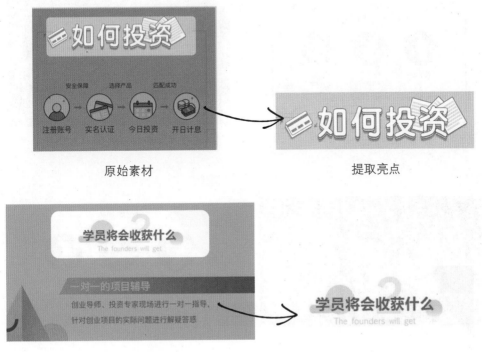

原始素材	提取亮点

原始素材　　　　　　　　　　　　　　　　提取亮点

3.12.5　图片的修饰

在 PPT 中，虽然图片是固定的，但是仍然能通过配色、字体、背景和恰当的修饰，让初始案例变成各种不同的风格。

初始

商务

扁平

科技

黑金

中国风

灵感哪里找

花瓣网：搜索"嘉宾"有关的采集

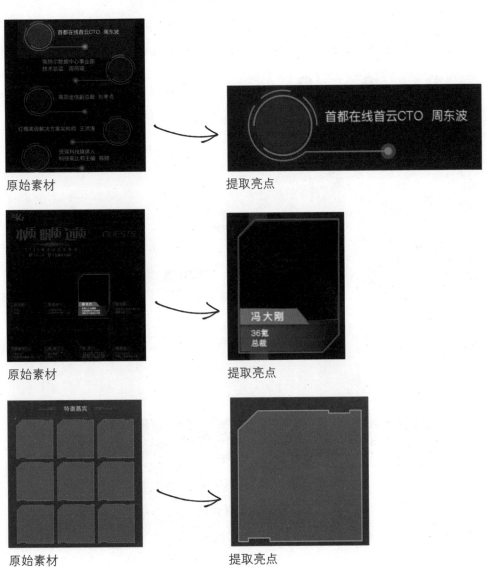

3.12.6　文本框的修饰

面对大段纯文本也不用担心，先从整体设计风格入手，分析常见的文本框修饰元素，也能轻松搞定。

以下风格仅供参考。

初始

商务

中国风

党政

扁平

科技

灵感哪里找

花瓣网：搜索"网页设计"有关的画板

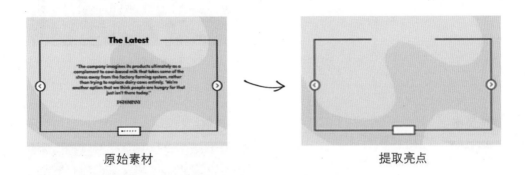

原始素材　　　　　　　　　　　　提取亮点

新浪图解天下

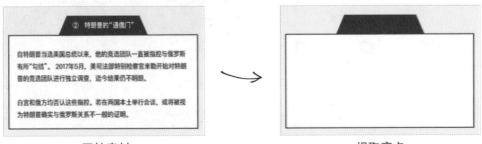

原始素材　　　　　　　　　　　　提取亮点

3.12.7　背景的修饰

背景图片的选择，可以快速奠定一份 PPT 的设计基调。

初始

苹果风

利用简单的渐变

简洁风格

通过对角压图形的方式

商务风格

选择商务图片，添加蒙版

中国风

选择一些带有中国元素的背景

科技感

选择有科技感的背景

灵感哪里找

摄图网：搜索"背景"，或指定的风格（如科技、党政等）

原始素材　　　　　　　　　　　　　　　提取亮点

花瓣网：搜索"黑金质感"有关的画板

第4章

设计进阶：
PPT大神36计

36个建议，36种解决方案，
跟随前后案例的脚步，
沉浸在设计的世界。
让你在困顿的PPT设计中，
找到清晰的出路。

第 01 计
寓意型图片的妙用

伟大的摄影作品，重要的是情深，而不是景深。——皮特·亚当斯

寓意型图片的使用，
可以让观众带着满满的"画面"回家。

你所没看见的市场

Before

After

墨守成规

Before

After

未来的厦门
将迎来新的历史机遇

Before

After

第02计
图片的三分构图 ■◣

三分法，

是指把画面横分三份，

每一个分中心都可放置主体形态。

这样做不仅能让画面更平衡，

更有空间让图文相得益彰。

Before

After

Before

After

Before

After

第03计
放大图片的闪光点

米开朗基罗说：

"雕像本来就在石头里，我只是把不需要的部分去掉。"

你在工作、生活中司空见惯的图片，

换个角度看也会迸发出不一样的光芒哦。

图片的轮廓

Before

After

图片的联想

Before

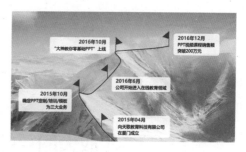

After

给图片标注

Before

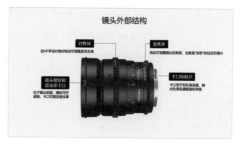

After

第04计
书法字体的气质 🎥

时时只见龙蛇走，

入木三分临池成。

书法字体具有很强的艺术表现力，

往往是点睛之笔。

Before

After

Before

After

Before

After

第05计
如何增加PPT的真实感 📹

网络中的美图确实引人入胜，

但在商业活动中缺不了真实和亲切感，

搭建信任的桥梁尤为重要。

PPT是这样，

演讲人更是这样。

Before

After

Before

After

Before

After

第06计
倾斜让画面更具动感 🎥

常见的水平和垂直构图带给人稳定感，

而倾斜构图带来偏离感，

偏离制造了张力。

适当运用倾斜的构图技巧，

可以让静止的画面"动"起来。

旋转页面

Before

After

使用倾斜的色块，背景加倾斜的线条

Before

After

将文字倾斜

Before

After

第 07 计
一张图片如何看起来不单调 📹

搞定一次单张的图片排版不难，

难的是每一次都要玩出新花样。

可制作 PPT 就是要含着泪微笑啊，

希望给你一些启发。

分栏

Before

After

加投影

Before

After

局部图片

Before

After

第08计
引导观众的视线

最重要的讯息要放在最科学的位置，

这样才会被更好地关注与吸收。

设计时如果不关注视线的引导，

很容易导致可读性变差。

放大镜

Before

After

箭头

Before

After

人物朝向

Before

After

第09计
让背景不再单调 📹

"做得挺不错，但画面有点空。"

"……"

遇到这种情况，你应该怎么办？

图形的修饰（点线面）

Before

After

合适的背景

Before

After

复制图片，改透明

Before

After

第10计
三招用 Logo 做封面

Logo 是企业对外交流的视觉语言，

简约优美的造型，

和高度象征化的寓意，体现着品牌特点和企业形象。

从 Logo 出发制作 PPT 的好处有不少：

清楚、易于识别，独一无二。

配色法

Before

After

放大法

Before

After

遮罩法

Before

After

第11计
放大局部令人难忘

为什么见一叶落而知天下秋？

广袤的世界我们都能见微知著，

可为何在运用图片的时候，还要做常规展示呢？

Before

After

Before

After

Before

After

第12计
突出边界：让素材"跳出来"

就这一个小细节，

就好像往死寂的鱼群中丢进了一条鲇鱼，

瞬间活跃了起来。

Before   After

Before   After

Before   After

第13计
线框的妙用

加入线框以后，

会让画面整体感更强，

文案信息更加清晰，主体更明确。

其实核心是：线框的存在让信息有了视觉焦点。

图形穿插

Before   After

文字穿插

Before   After

聚焦视线

Before   After

第14计
增加层次感的三种方法 📹

增加层次感主要是为了建立主次关系。

要达成这个目的，

就要通过大小、远近、明暗等实现主体与其他元素的区隔。

文字的层次感

Before

After

大小：半透明法

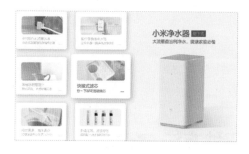

Before

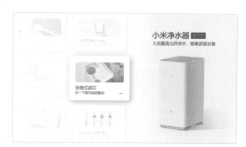

After

虚实：模糊法

Before

After

第15计
渐变色提升质感

你的眼睛不会骗自己，

渐变是非常有用的手法。

当眼睛感知到色调与明暗的变化之后，

会下意识地注意到视觉焦点。

图片的质感

Before

After

图形的质感

Before

After

文字的质感

Before

After

第16计
线条可没那么简单 🎥

线条作为PPT设计中的常见元素，

似乎存在感是比较弱的。

其实线条是一切设计的基础，

对设计有极强的支撑作用。

引导视线

Before

After

标重

Before

After

装饰点缀

Before

After

第17计
灵感藏在生活中

灵感是对热爱生活之人的奖赏。

"有时忽得惊人句，费尽心机做不成。"

这句话的背后，

折射的是对生活细微观察后的必然结果。

Before

After

Before

After

Before

After

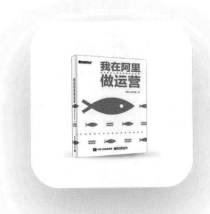

第18计
书本带来的设计启发 📹

留心身边的美，

是对 PPT 设计的助攻。

更关键的是，

当你带着借鉴和思考的心态面对生活，

你的眼界和水平都在不知不觉中得到了提升。

分析配色

分析元素

第19计
留白的艺术 📹

"你看到了什么?"

"一条小鱼。"

"可蓝色形状的面积，明明是小鱼的十几倍啊！"

案例一

案例二

案例三

案例四

案例五

案例六

第20计
一张图一段话怎么排 ▄◣

在PPT中图和文相得益彰，

但结合具体的使用场景，

应对复杂资讯的时候，

如何能玩转更多花样？

全图遮罩型

全图色块型

上下分割

左右分割

居中分割

弧形分割

第21计
一句话如何排版

一千个读者心中有一千个哈姆雷特。

同样的一句话，

由于作者表达的侧重点不同，

也可以有不同的表现形式。

提取关键词作为焦点

提取关键词作为背景

使用对话框

使用引号

使用图标

选择合适的图片

第22计

图片太多怎么排

图片能让画面生动，

可太多的图片又让你无从下手。

作为PPT制作中的高频疑惑，

又有哪些解决之道？

案例一

案例二

案例三

案例四

案例五

案例六

第23计
人物介绍页怎么做

1. 人像要大，突出形象

人物太小会不够聚焦。将人物放大处理，提升视觉冲击力的同时，也可以更好地塑造形象感。

2. 背景色与衣服颜色不要太接近

人物衣服颜色与背景色太过接近，会感觉人物和背景"融为一体"，要最大程度地规避这样的设计。

3. 注意文案与人面朝向

设计人物介绍页时，需要注意人面的朝向，文案不要放在背离人面的方向上，会有游离感。

案例一

案例二

案例三

案例四

案例五

案例六

第24计
时间轴页怎么做 📹

1. 使用对比手法，将"时间"和"内容"分出层级

   将"时间点"与"文字内容"分出明显的层级关系，利于信息理解的同时，页面设计也有张弛感。

2. 文字内容尽可能单行展示

   在允许的情况下，要尽可能地精简文字内容，并优先使用一行排版，有助于信息的阅读。

3. 整体势头需呈现上升的趋势

   时间轴页多为介绍公司/团队的发展历程，因此势头需呈上升趋势，尽可能避免"往下走"的感觉。

案例一

案例二

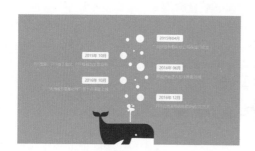

案例三

案例四

案例五

案例六

第25计
公司介绍页怎么做 📹

1. 对介绍文案进行梳理、精简

PPT不是Word，需避免大段文字。在制作公司介绍页时，梳理文案、突出关键内容尤为重要。

2. 配图要使用与公司气质相符的素材

这一点涉及图片的气质。为公司介绍页配图尽量找高清的、办公类的图片，与商务气质吻合是极好的。

3. 大标题尽量不使用英文

大标题使用英文，会让主题不够直观，有喧宾夺主的感觉，英文作为点缀来使用会更为合适些。

案例一

案例二

案例三

案例四

案例五

案例六

第26计
核心团队页怎么做 📹

1. 注意人物图片的选择

商务风格的核心团队介绍，尽量不要使用生活照片，使用偏向商务风的图片会更为严谨。

2. 避免随意裁剪人物头像

如果不需要特别强调，那还是让人物的脸部看起来一样大为佳，视觉上会更加整齐划一。

3. 人物介绍文字需拉开层次

正确阅读层级：姓名>职位>详细介绍。使用字号、粗细等对比手法就可以拉开层次哦。

案例一

案例二

案例三

案例四

案例五

案例六

第27计
合作伙伴页怎么做

1. 在Logo底部添加色块，让页面更整齐

页面里Logo一多就显得乱，统一在Logo底部加上色块（矩形、多边形均可），会让页面更整齐。

2. 需注意Logo的重心对齐

要对齐尺寸不一的Logo时，更需要认真观察，实现重心对齐（视觉上觉得大小合适即可）。

3. 将Logo反白/改色处理

在允许的情况下，也可以将五颜六色的Logo都进行反白/改色处理，颜色上也会更加和谐统一。

注：有的Logo反白后就无法识别，使用这招需谨慎。

案例一

案例二

案例三

案例四

案例五

案例六

第28计
企业荣誉页怎么做

1. 善于用数字做归纳

多数时候由于篇幅有限，在页面中展示不出所有荣誉，这时使用数字做归纳，更能体现奖项的多。

2. 适当使用项目符号

罗列奖项后发觉页面显得杂乱，这时项目符号就能帮上忙：将文本拉开层次，更易于理解。

3. 奖状/证书图片应适当裁剪

在允许的情况下，尽量把奖状/证书多余的部分裁剪掉，可以让页面显得干净和整齐。

案例一

案例二

案例三

案例四

案例五

案例六

第29计
联系方式页怎么做

1. 使用风格一致的图标
比起其他页面，联系方式页会有诸多图标（电话、邮箱等），这时图标风格统一就很重要。

2. 电话号码隔断，便于阅读
电话号码太挤的话，会不便于阅读，建议用空格或连字符隔断，如：131-1111-1111。

3. 注意检查二维码的识别性
反白后的二维码通常是无法识别的。另外，只要页面里出现二维码，就要自行扫描检查。

案例一

案例二

案例三

案例四

案例五

案例六

第30计
图片太小怎么办

不如意事常八九，

可与语人无二三。

做PPT烦扰之事，能找何人倾诉衷肠？

呐，这不——

图片太小可咋整呀？

裁剪放大法

Before

After

渐变蒙版法

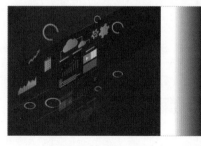

Before

After

局部拉伸法

Before

After

第 31 计
文字云：搞定无数个关键词

将关键词堆叠起来，

进行错位排布，

就能完成新颖的文字视觉呈现。

仿佛这些关键词，

都在诉说着自己的故事。

背景

参考案例来源：罗振宇，《时间的朋友》2016 年跨年演讲

图形

参考案例来源：罗振宇，《时间的朋友》2016 年跨年演讲

人物

第 32 计
笔刷：给图片多一点新意 🎬

水墨痕迹、书法触感，

总是能唤醒我们骨子里的"墨客"基因。

水流心不竞，云在意俱迟。

简简单单的墨迹笔刷，

就能挥洒出东方美学的韵味。

个性化图片

Before

After

作为背景

Before

After

作为点缀

Before

After

第33计
PS：让你素材不求人

更专业的事，

应交给更专业的处理软件，

PPT 已足够优秀。

现在就借助 PS 软件，

开启更多素材的大门吧！

注： 推荐 Adobe Photoshop CC 2018 及以上版本。

Before

After

Before

After

Before

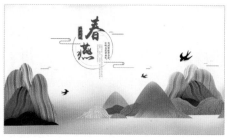

After

第 34 计
AI：取之不尽的素材宝库 🎥

PPT中有不少插画风的素材，

其实是有捷径可循的，

打开AI软件，直接导入素材，

解锁更多的素材宝库吧！

注：推荐Adobe Illustrator CC 2018及以上版本。

Before

After

Before

After

Before

After

第35计
样机：展示效果酷炫百倍 ▐◀

手机、网页、软件界面截图，

如何能够设计得出彩？

本着"从哪儿来回哪儿去"的原则，

借助样机展示效果，

让你的截图更有场景感。

Before

After

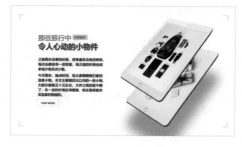

Before

After

Before

After

第 36 计
一张图能玩出哪些花样

脑袋里有画面，

手里有招式，

同样的一张图，不同的创意设计，

让页面不再枯燥，

瞬间就能灵动起来。

案例一

案例二

案例三

案例四

案例五

案例六

第5章

PPT动画：
让幻灯片行云流水

10年前，我就是因为对PPT动画产生了极大兴趣才下定决心要学好PPT的，可能不少人也是这样。PPT动画之所以有很强的用户基础，我认为有两方面的原因：

1. 简单。PPT动画易学、易会、易上手，很容易就能让初学者获得成就感。但简单并不是简陋，PPT动画一点都不落后，相反，PPT动画是成本低、性价比高的动画模式。

2. 功能性上，PPT动画无可取代。没有动画的PPT，就好像做菜忘了放调料，能吃，但难以下咽。

5.1 PPT动画常见误区

PowerPoint 2016版的动画中，有40种进入效果、40种退出效果、24种强调效果、63种默认的路径效果和49种切换效果，共计216种动画效果，而组合动画的运用又可以变化出不计其数的动画效果。正是因为工具本身的多样性，很多初学者在好奇心的驱使下，忍不住想把每一个动画都试一次，最好每一页PPT动画都能不同。

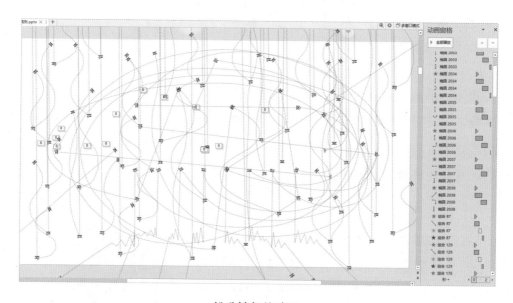

纷乱繁复的动画

其实PPT的常用动画不过以下几种而已：

	常用					
进入动画	飞入	浮入	擦除	淡出	基本缩放	出现
强调动画	放大/缩小	陀螺旋	脉冲			
退出动画	飞出	淡出	擦除	基本缩放	消失	
路径动画	直线	自定义				

PPT 动画初学者的常犯错误有以下几个。

滥用动画，眼花缭乱

PPT 动画吸引了诸多 PPT 爱好者，推动了 PPT 软件的普及，可谓 "功德无量"。然而当我们初步学会了如何添加动画之后，内心的激动也为之升起，于是不顾内容，不顾规律，只是为 "动" 而 "动" 地添加动画。要知道，动画的滥用除了让观者眼花缭乱之外，对观点的传达并没有本质的帮助。

过分炫技，喧宾夺主

有不少的动画高手甚至能用 PPT 做出堪比专业动画软件才能做出的作品，让人叹为观止，目瞪口呆。能用 PPT 做出酷炫视频效果的动画大神当然是值得尊敬的，但也得分场合，若一份 PPT 只是用于演讲或者阅读，而并非参加专门的 PPT 动画大赛，那么酷炫动画实无必要。否则就是喧宾夺主，大家都把注意力放在动画上了，谁还会去顾及内容呢？

拖沓冗长，打乱演讲节奏

对于演讲型 PPT 而言，大量的 PPT 动画还会打乱演讲节奏，特别是当每一个动画的启动方式都是 "单击时" 的时候，更是严重拖慢了 PPT 的播放速度，使演讲者情绪受挫，更别说给观众提供优质的演讲了。如果在现场，你看到主讲人一边回头望自己的 PPT，一边手里拼命按翻页器，多半是犯了这个错误。

本末倒置，花费过多时间的精力

想分析一份完美酷炫的 PPT 动画作品，我们只要单击【动画】选项，页面中便会呈现出让人目瞪口呆的一幕，密密麻麻的路径是如此纷乱无序、扑朔迷离。【动画】窗格里一长列样式各异的动画让人望而生畏。由此我们可以知道，单就完成这一页动画，需要花费多少时间和精力了。除制作本身外，更重要的是创意、前期策划与构思，它们的难度与重要程度完全不亚于制作。所以在职场中的你，要在规定的时间内完成一份 PPT，却花了 80% 的时间在动画上，的确不是明智的选择。

5.2

动画是指南针、魔术师、放大镜

指南针
彰显逻辑

魔术师
制造悬念

放大镜
突出重点

5.2.1 动画是 PPT 逻辑的指南针

PPT 动画是如何彰显逻辑的呢？比如我们要表达"三个维度打造完美 PPT"这个观点。

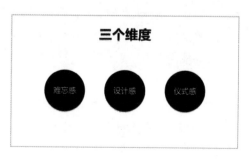

在 PPT 中，可以直接表达观点，也可以借助动画辅助表达。直接表达就是不添加任何动画，只要一单击鼠标便可使内容一览无余。但我们是不是可以做得更加生动，使表达更有逻辑性呢？这又该如何实现呢？此时就需要借助动画了。

1. 给文字添加【擦除】动画

首先把"三个维度"与"打造完美PPT"拆分开来，把它们输入不同的文本框中。

再给它们同时添加"自左侧"的【擦除】动画

2. 给文本框分别添加【直线】路径动画与【飞出】动画

接着重点要讲的是"三个维度"，而且还得说明"三个维度"指的是"哪三个"。所以我们要提炼出关键字眼（三个维度），并预留出呈现具体"三个维度"的空间。这时我们可以给"三个维度"添加路径动画，让它移动到指定的位置，为后面将要展示的内容预留出空间，然后给"打造完美 PPT"添加向右【飞出】动画。

给"三个维度"添加【直线】路径动画

给"打造完美 PPT"添加【飞出】动画

动画播放后的页面

3. 让"三感"进入页面

这里我们可以给"三感"执行【缩放】、【淡出】或【轮子】动画。

给"三感"添加【轮子】动画

5.2.2 动画是制造悬念的魔术师

如果想制造点神秘感，不想让这"三感"立刻呈现，而想给观众留点悬念，此时就可以把"三感"动画的启动方式设置成【单击时】。也就是说，每讲到其中一个维度的时候，需要单击鼠标键或按激光笔的按键才能呈现，而不是一播放到这个页面的时候即刻呈现。这样做的好处是，能激起观众的好奇心，引发他们继续往下听的欲望。这就是我们所说的动画有制造悬念的作用。

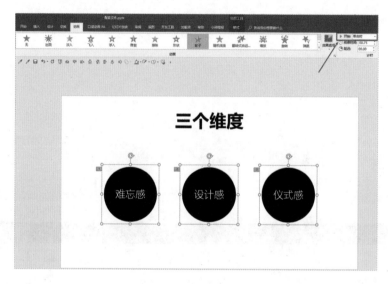

把三个动画的启动方式设置成【单击时】

单击一次鼠标键所呈现的页面

5.2.3　动画是强调重点的放大镜

当对"难忘感"做具体讲解的时候，我们可以把它放大，并把另外两个信息减淡显示。此时页面中的重点便能一目了然了。

给"难忘感"添加【放大/缩小】动画，放大数值为130%，再给"设计感"与"仪式感"添加【透明】动画，在播放的时候就能呈现出以上效果了。

5.3 十分钟上手PPT动画

给元素添加一个完整的动画，主要有三个步骤。

Step 1 添加动画。选中一个元素或多个元素，在【动画】选项中选择任何一个动画，就能完成动画的添加了。

Step 2 设置动画效果。什么是设置动画效果呢？比如我们给一个元素添加了【飞入】动画，飞入的方向可以根据需要去选择。选择动画运动方向，这就属于设置动画效果。

Step 3 设置动画时间。设置动画时间包括"启动方式"、"持续时间"与"延迟时间"三个方面。我们还是以【飞入】动画为例，控制一个元素飞入速度的快慢，就需要设置持续时间了。持续时间越短，飞入速度越快；反之，则飞入速度越慢。

接下来将通过几个案例的讲解，带大家上手PPT动画。

5.3.1 PPT动画实例1：齿轮滚入

如何让齿轮从左滚入页面

具体操作：

先选中齿轮＞单击【动画】选项＞选择【飞入】＞在【效果选项】中，把方向改成【自左侧】＞【持续时间】设置成1秒＞继续选中齿轮＞单击【添加动画】＞选择【陀螺旋】＞在【效果选项】中，选择【半旋转】（也就是180°旋转）＞启动方式设置成【与上一动画同时】＞【持续时间】设置成1秒。

于是齿轮从左侧滚入的动画就完成了。

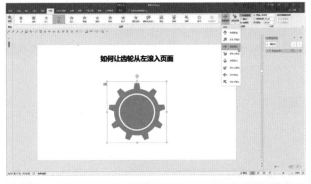

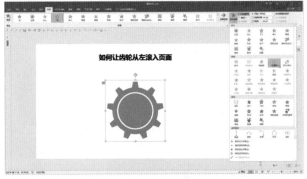

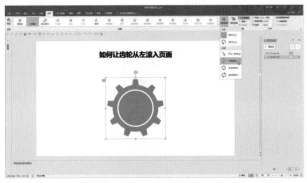

要点提示：

① 飞入的持续时间必须与旋转的持续时间一致（比如都是1秒）。

② 齿轮的旋转速度，也就是单位时间内齿轮旋转的圈数（度数），应与飞入速度及运行的路程长度相协调。

③ 在给齿轮添加完【飞入】动画后，接着添加【陀螺旋】动画时，一定要在【添加动画】选项中添加，如此才能实现动画的累加，否则就会把原来的【飞入】动画替换了。动画的替换与累加将在视频中详细演示。

5.3.2 PPT动画实例2：路径动画

可能对于动画新手来说，路径动画是个难点。特别是路径的精准定位与自定义路径动画，可能会令不少初学者感到疑惑，所以这里将重点介绍一下。

1. 路径动画的精准定位

请看下图。

如果要使左边的图标运动到与右边灰色圆形完全重合的位置，那么应该如何做到呢？这就涉及精准定位了。这里的精准定位包含两个层面：①图标需缩小到与右边的灰色圆形一样大；②图标的圆心应运动到灰色圆形的圆心上（使二者的圆心处于同一个点）。只有满足了这两点，才能实现精准定位。

先给图标添加【放大/缩小】动画，把图标缩小到与灰色圆形一样的大小。那么缩小数值该如何计算呢？

选中图标，再单击【格式】选项，于是我们便能从中看出图标的大小为9.58×9.58（单位：厘米）。同样，我们也选中灰色圆形，单击【格式】选项，得知灰色圆形的大小为5.93×5.93（单位：厘米）。最后，5.93÷9.58=0.619。所以图标需缩小至原大的61.9%才能与灰色圆形一样大。得出缩小比例后，便能给图标添加【放大/缩小】动画了。

具体步骤：选中图标＞单击【动画】选项＞选择【放大/缩小】＞单击【动画窗格】＞在动画窗格中双击动画，进入调整窗口＞把尺寸大小改为61.9%。注意，数值输入后，按回车键才能生效。

完成了【放大/缩小】动画之后，接着做图标的路径动画。

具体步骤：

按住【Shift】或【Ctrl】键的同时选中图标与灰色圆形＞单击【动画】选项＞单击
【添加动画】＞选择【直线】路径＞接着用鼠标选中图标的路径终点，长按鼠标，拖动至
灰色圆形的路径起点（这就等于把图标的圆心移动到灰色圆形的圆心处了）＞把图标路
径动画的启动方式设置成【与上一动画同时】＞把灰色圆形的路径动画删去。这个动画
就完成了。

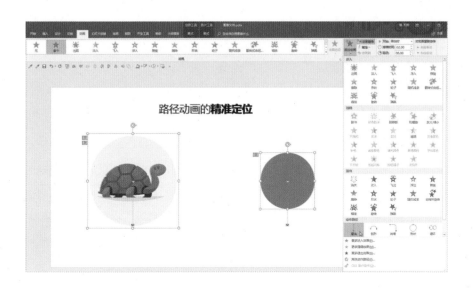

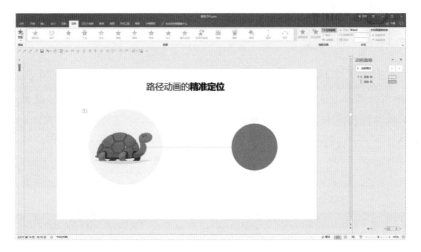

要点提示：

① 【放大/缩小】动画的持续时间必须与【直线】路径动画的持续时间相同（默认2秒，也可以自己设置其他时间）。

② 为什么我们给灰色圆形添加了路径动画，最后却删了呢？这是因为路径动画的起点与终点有自动吸附的功能，只有充分运用这个功能，才能更好地使二者的圆心完全重合。在完成给图标施加的两个动画之后，自然就可以把灰色圆形的动画删了，因为灰色圆形本身是不需要动的。另外，如果灰色圆形仅仅是为了辅助精确定位而存在的，那么在完成动画之后，甚至可以直接删去这个元素。

2. 自定义路径动画

依旧先看图。

上图中的那条起伏的运动曲线是如何做出来的呢？这就涉及【自定义】路径了。

选中圆形，添加【自定义路径】动画，然后手动画出运动路径。

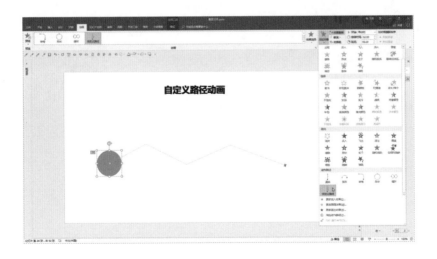

接着选中路径，单击鼠标右键，从快捷菜单中选择【编辑顶点】选项。

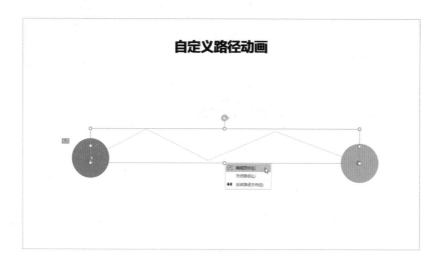

通过调整每个顶点两端的手柄，我们就能编辑出一条平滑的运动曲线了。

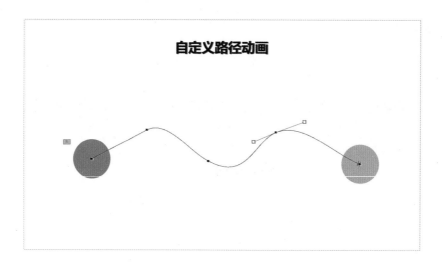

5.3.3　动画刷

在 PPT 里，有两把"刷子"是非常好用的：一把是"格式刷"（在相关章节会讲到），一把是"动画刷"。动画刷的功能可以简单理解为把一个元素的动画复制给另一个元素。当要给一个元素添加相同动画的时候，可以先选中已经添加了该动画的元素，接着在【动画】选项中单击【动画刷】，再单击需要添加相同动画的元素，于是动画就被顺利复制过来了。单击【动画刷】，只能给一个元素复制动画效果；双击【动画刷】，则可给多个元素复制动画效果。

5.3.4　切换动画

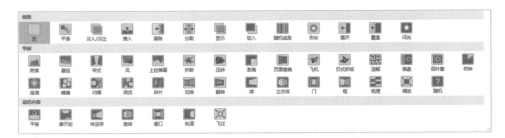

切换动画也称转场动画，就是幻灯片页面与页面之间转换的动态效果。选择什么样的切换方式需根据 PPT 页面的实际情况而定，应符合规律，因地制宜。这里将举几个例子进行说明。

1.【帘式】

如果想表现某个活动要拉开序幕的场景，就可以用【帘式】切换。

2.【剥离】与【页面卷曲】

如果想表现翻页效果，可以考虑用【剥离】或【页面卷曲】切换。

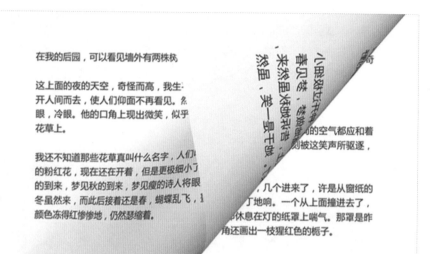

【剥离】

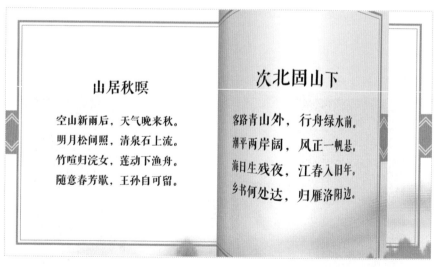

【页面卷曲】

3.【折断】

如果想表现打碎枷锁之类的效果，便可用【折断】的切换方式。

4.【棋盘】

如果想更生动地展现企业合作伙伴，或许就能用【棋盘】切换了。

5.【平滑】

【平滑】切换在 Office 2016 以上版本中才有，这也将是本节重点讲解的内容。用好【平滑】切换，不仅可以让 PPT 的播放更加流畅，有时甚至可以替代路径动画，省去做动画的时间。

比如在空白页面的左侧插入一个圆。

再把这页幻灯片复制，在第二页幻灯片中，把圆缩小并移动到页面右侧。

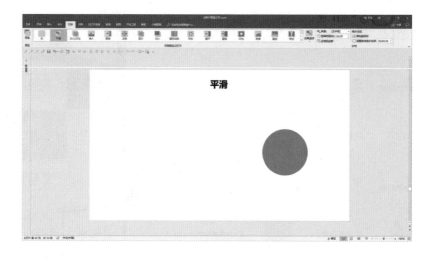

最后把第二页幻灯片的切换方式设置成【平滑】，这样就能得到一个非常顺畅的动态效果了。

　　有了【平滑】功能，前文所说的"路径的精准定位"便可轻松实现了。咱们再来看看下面的原始页面。

　　把原始页面复制，然后把图标移动并缩小到与灰色圆形完全重合的位置上，接着把此页的切换方式设置成【平滑】，于是就能实现运动路径的精准定位了。

不仅如此，【平滑】还能实现形状的无缝转换。比如我们在页面里画出一个不规则图形。

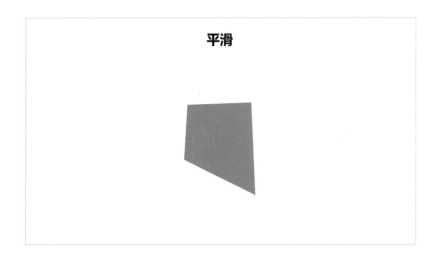

接着把幻灯片复制，并在复制出的那页幻灯片中，用【编辑顶点】功能把图形随便编辑成另一种形状，并把这页幻灯片的切换方式设置成【平滑】，于是这两个图形便能实现流畅过渡了。

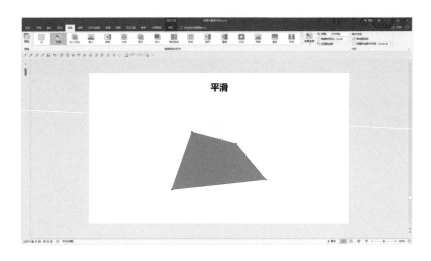

要点提示：【平滑】切换的实现目标必须为相邻页面的同一个元素。

智者知止，
在动画中更是如此。

第6章

PPT，别输在演讲上

马上就要从训练场走上战场，我们用几天时间精心准备的PPT，又该在关键场合如何清晰自如地表达呈现呢？演讲不再是上台后的滔滔不绝，口若悬河，更不是打鸡血式的上蹿下跳。

PPT的演讲是一个科学的工程，它既包含了PPT吸引人的视觉表达，演讲中举手投足的外在表现；还有演讲准备、心理调适、观点生动化、观众互动等内核。带着观众的思维去演讲，时刻做到"眼中有人"，你才能自然地体现出演讲者的负责、志向和品性；更重要的是，观众才会记住你的观点并立刻行动起来。

让所有等待，
都能不负期待。

6.1　把你"刻"进别人脑子里

　　为什么虽然你精心准备，但还是不容易脱颖而出？而有的人用某个专属特质就让人记住他，短短几十秒就会喜欢他。更有甚者，会精心准备一个专属于他的小仪式，让你愿意端正自己的心态，跟随他的节奏进入他的演讲，心甘情愿被说服。这种"个人专属"慢慢就会成为他的个人品牌，就好像公司 Logo，具有高度的识别性和记忆性，某个时间看到一个画面就会想起他，这就是仪式感的妙处。

6.1.1　什么是仪式感

"仪式是什么？"小王子问。"就是使某一天与其他日子不同，使某一时刻与其他时刻不同。"狐狸说。——安托万·德·圣埃克苏佩里《小王子》

以下这些都是仪式感的表现：

婚礼上交换戒指

古时候打仗前的誓师大会

NBA 的开场仪式

公司统一的制服

那普通人眼里的仪式感是什么呢？

甲：　"仪式感表现了对方的重视程度。我看得到你的用心，所以我想去珍惜这一份用心。"

乙：　"仪式感可能会让你在看第一眼时就惊叹，在以后的日子里，一个人静静回味当初的那一瞬间。"

丙：　"就像每一粒种子都有它的季节，仪式感也能让你与别人不一样。"

丁：　"很多时候我都意识不到一个东西有多珍贵。之前听音乐会，没有觉得有多么动人，但有一天在落日的海边，突然回忆起当初的音乐会情景，真是妙不可言。可能在某种强烈的环境下，当初那安静典雅的感觉，又会涌上心头，充盈脑海。"

总结起来，仪式感就是把平常的事情进行精心设计，把你"刻"进别人脑子里。

6.1.2　为什么演讲需要仪式感

1. 聚焦，让观众走进你的情绪

没人会喜欢密密麻麻的文字、复杂的图表和空洞的说教，大家更喜欢生动的演绎。因为这里可能有极具吸引力的大师表演，有能颠覆你认知的惊鸿一瞥。仪式感需要你努力营造一种氛围，让观众的注意力聚焦于你，从此你不需要声嘶力竭地呐喊："演讲开始了，大家看这里！"观众会很聪明地拥抱你。因为仪式常常被用于公开提示：从现在起，是一个新的时间段了。

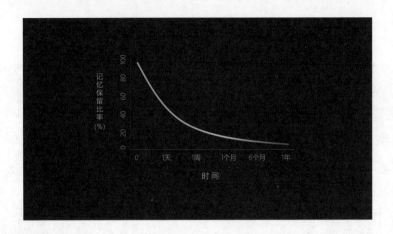

2. 记忆点 = 你

　　艾宾浩斯遗忘曲线表明：遗忘在学习之后立即开始，一天后你的记忆量只有33.7%。所以你不能幻想观众记住你的一切。观众对你的印象可能是脑洞大开的，可能是专业严谨的，可能是……总之，你的仪式感营造出来的记忆点 = 你。

3. 真诚是把刀，砍到谁谁都受不了

　　不要把自己与观众对立起来，因为每一个观众内心都渴望你能成功。我们看到央视春晚的杂技表演，都为演员捏了把汗，生怕他们在如此重要的场合出现失误。所以啊，如何能不辜负观众的这份期待？唯有内心带着敬畏和真诚，踏踏实实准备，为了最动人的效果做精心设计，这才能不辜负观众付出的时间与精力。仪式感是给自己的，也是给别人的。

6.1.3　怎么塑造仪式感

生活中也是可以制造仪式感的，例如古人会"沐浴焚香，抚琴赏菊"，周树人先生读书之前必洗手，情侣每天睡前必互相说"晚安"。那演讲，如何能做到仪式感呢？

我与你分享三种方法。

1. 一个容易识别的个人形象

1888年圣诞节，叶芝受王尔德邀请共进午餐。王尔德发现了这名年轻的诗人天才，这位文学巨匠告诉叶芝：不止是做个诗人这么简单，你必须看起来就是一位诗人，你时刻的行为也必须是一位诗人。后来叶芝开始反思，"我必须重塑自我"，并开始了长达一年的对自己形象的改造。然后，我们熟知的这位伟大诗人诞生了。

在NBA，有个著名场边记者叫赛格，在媒体和球员中都极具影响力。除去专业的主持技巧和对工作的全心投入，赛格还非常喜欢奇装异服，这格外引人注意，他也因此被称为"彩装先生"。

在第二次世界大战中，丘吉尔在许多公众场合会习惯性地做"V"字手势，用以鼓舞英国人民的信心。最终，全世界正义的力量战胜了法西斯。"二战"胜利后，"V"字手势在世界迅速流行开来。直到今天，人们仍用它表达成功的信念、胜利的喜悦……

重复是一种力量，创造个人特色的印记并加以坚持，会有先声夺人的效果！

2. 一个准专业级的表演

如果一个演讲的开始，只是平庸的问好寒暄，观众会下意识地觉得，这些礼节性的东西都是可以被忽略的，重点还远没有开始呢，坐在座位上聊聊天并没有什么不合适。如果你是歌手、魔术师或者工匠，或者你有特殊才艺，那么你的才艺也是一种仪式感的表达。这能让观众投入其中，甚至有头皮发麻的感觉。所以如果有你单独表演的时刻，那么一定利用好。

3. 一个有参与感的互动

演讲者以共同游戏的方式和观众形成互动，这样既能激活观众的好奇心，又能巧妙地增强观众的参与意识，还可以直奔主题，你还可以精心设计互动，给人"哇！怎么会这样？他是怎么做到的？"的感受。

阿波罗·罗宾被誉为"世界上最伟大的扒手"，在TED演讲"错误引导的艺术"中，他现场随机选择参与者，向我们演示了认知中的瑕疵使得他能够在参与者毫不知情的情况下成功窃取钱包、手表等。虽然他不是和每一位观众互动，但强大的个人魅力和精心的环节设置，让每个人都深深明白了他强调的那句话：注意力，决定了你的现实世界。最后，他还用演说开场时的一个问题做呼应，并提出了一个值得每个人深思的问题：如果你能控制一个人的注意力，你会用来做什么？

这是我见过的最令人赞叹的演讲之一：生动有趣的原理讲解，目不暇接的表演，令人折服的引导技术，8分多钟转瞬即逝。相信你看过一遍后，会和我一样，一次次重播。

在错误的路上停止前进，
就是一种进步。

6.2　用大白话说清楚你在干什么

　　诗坛曾流传"老妪亦解白诗"的佳话。据说诗人白居易每做一首诗，自己反复吟咏，觉得可以之后，再拿去念给不识字的老太太听。如果老人听不懂，他马上回去修改，这样反复数次，直到老太太能听懂为止。大道至简，平实的话语却有深刻的道理，他的成名作《赋得古原草送别》很多人从小就会背诵，但是千古之中能写出"野火烧不尽，春风吹又生"诗句的却没有几人。

　　如果你是一名观众，连篇累牍的演讲只会让你觉得疲惫，频繁出现的专业术语让你手足无措，翔实的数据让你无从下手……你肯定会对这样的演讲失去兴趣。所谓"通俗易懂"，就是广大人民群众都能听得懂。演讲追求有效的传播，而不是展示自己的聪慧，如果观众听不懂你在讲什么，你讲得再高深，再专业，这样的演讲，只能孤芳自赏。

6.2.1　善于类比

如何用大白话说明难懂生涩的专业理论呢？打比方就是个稍微花点心思就能取得好效果的办法。

早在小学的时候，老师就告诉了我们比喻的妙用了：比喻说理浅显易懂，使人容易接受；比喻叙事能化抽象为具体，使事物更加清楚明白；比喻状物能使概括的东西形象化，给人深刻的印象。

钱钟书声名远扬，时常会有世界各地的人慕名造访。有一位外国女士打电话给他，表示非常喜欢他的文章，想登门拜访。钱先生听后赶紧说道："假如你吃了一个鸡蛋觉得不错，又何必要认识那只下蛋的母鸡呢？"

不要期待观众能在瞬间学会整套全新的原理或概念，你必须用平实易懂的语言来传授新的知识。我们也能用生活中发生的日常小事或者直观的观点来讲解专业的术语。

再来看这个生动的说法。

什么叫蓝海？

昨天晚上，我在香格里拉酒店门口停车，看中一个车位，这时有辆迈巴赫也要停进这个车位。我下车，走上前敲了敲他的车窗，甩给他一百块钱，对他说："这个车位我看中了，你去别的地方停！"他觉得我小看他，于是冲我脸上甩来一沓钱。后来，我又如法炮制……一晚上我竟然赚了两万多。

——这就是"蓝海"：未知的市场空间。

什么叫红海?

　　我把自己昨晚的赚钱经历发布在网上了，大家都在转发，一下子有许多人都想学我。第二天，满大街都是翘首企盼的人，竞争激烈。

　　——这就是"红海"：已知的市场空间。

　　我们先不论这个段子的真实性，也不论这样的解释是否片面，用生活中的趣事来解释不易理解的"蓝海"和"红海"，能让这两个专业术语显得更通俗易懂。

在说到科技产品性能的时候，下面的表述哪个能更好地被消费者理解与接受呢?

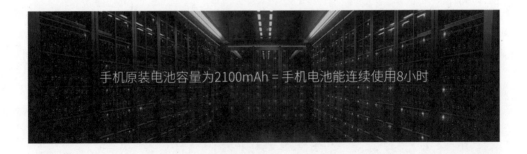

手机原装电池容量为2100mAh＝手机电池能连续使用8小时

手机电池让你就算从厦门坐动车到上海，整路看韩剧都不会没电

　　其实不仅仅是演讲需要巧妙的比喻，相信聪明的你也发现了，这本《PPT之光：三个维度打造完美PPT》，在进行观点阐述的时候，运用了很多生动的比喻，就为了让你好理解，好记忆。请思考：本书中有哪些地方，使用了生动的比喻手法呢?

6.2.2　PPT也能通俗易懂

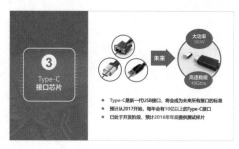

　　当你准备对外做产品宣传或者进行路演融资的时候，往往时间有限，投资人需要在6~8分钟内根据你的描述为你打分，而他们通常都不是你所属行业的专业人士，因此在PPT设计与演说上，更应该注意生动易懂。分享一个小技巧：在你上台前，找一个外行人说给他听，并让他复述几次你的内容，你就可以直观感受到"落差"了。

　　如果你不能用简单的话解释一样东西，说明你没有真正理解它。

　　　　　　　　　　　　　　　爱因斯坦

世界上只有两种人：
一种喜欢PPT，
另一种暂时不知道自己喜欢PPT。

6.3 三种方式让你的演讲更生动

比起枯燥乏味，人们更喜欢生动有趣的演讲。因为笑对人类来说，会产生和有氧运动、身体按摩、吃辛辣食物等类似的作用：它会刺激大脑产生内啡肽，因而产生愉悦感。此外，有趣好玩的事物常伴随着独特视角，观众在倾听之后，能产生较大的满足感。下面分享几种让演讲生动起来的方法。

6.3.1　幽默

挪威有句谚语："笑的人，才能活下去。"试问，谁会拒绝一个幽默的人呢？

幽默是一门艺术，在演讲中巧妙运用幽默的语言，不但可以点燃并释放观众的热情，更能体现你的人格魅力。如果我们遇到了幽默感强的人，就更倾向于认为他还有其他的个人优点，例如：友好、外向、体贴、想象力丰富、知识广博、反应机敏等。

2005年9月21日，李敖在北大做演说，他是这样说的：各位终于看到我了。我今天准备了一些"金刚怒目"的话，也有一些"菩萨低眉"的话，但你们这么热情，我应该说菩萨话多一些。演说最害怕四种人，一种是根本不来听演说的，一种是听了一半去厕所的，一种是去厕所不回来的，一种是听演说不鼓掌的。李敖话音未落，场内已是一片掌声。

我曾参加过一个有关文化产业的专业论坛，一位博士的演讲令我印象深刻——我去算命，算命先生摸骨相面掐算八字后说："你20岁恋爱，25岁结婚，30岁生子，一生富贵平安，家庭幸福，晚年无忧。"我只能说："我今年35岁，博士，光棍，没有恋爱。"先生闻言，略微沉思后说："年轻人，知识改变命运啊。"

不少人喜欢用笑话提升演讲中的幽默感，但我有一点要提醒你：切记，讲笑话之前，最不该出现的一句话就是"我现在给大家讲一个笑话"。

6.3.2　讲故事

"道理会让你赢，**但故事可以收买人心。**"

—— 冯注龙

作家大卫·西尼尔采访了几十位喜剧演员，问他们对那些幽默感欠缺的人有什么建议。多数喜剧演员的建议是：如果幽默感欠缺，不要讲笑话，试试讲故事，讲一个意味深长、内涵丰富，同时含有幽默元素的故事。如果观众没有发笑，那不要紧，起码他们还收获了一个好故事。

分析下面两段描述，哪一个更吸引你。

描述A

我爷爷和我奶奶一起生活了几十年，他们很恩爱很幸福，有时候我很羡慕。

描述B

我爷爷有一次偷偷告诉我说，每当奶奶生他的气了，他就会把家里所有的酱料罐、泡菜罐都拧得紧紧的，这样奶奶就会和他说话了。

值得注意的是：你的故事要与演讲内容有关，一定要能帮你传达核心思想，如果没有关联，就不应讲述；其次，故事不一定是亲历的事情，别人的故事或者你遇到过的事、看过的书都能是你的故事来源。有时候，你挖掘故事的细节之处可能会感到困难，这时候可以找一个人向你提问，问得越具体效果越好。

6.3.3 图片与视频

一个人的大脑的重量仅占体重的3%，但它所消耗的能量却占到了人体能耗总量的1/6。大脑会消耗人体大量的葡萄糖、氧气等。在演讲中我们精心设计，渴望用生动的演讲技巧来提升观众的活跃度，可是有些人原本就缺乏幽默感，那该怎么办？值得庆幸的是PPT能用图片与视频为你分忧。

2016年韩寒在上海音乐厅有一个演讲，说到自己去朴树家为电影《后会无期》找寻主题曲。两人听了一天的音乐，可是这两个人都不善言辞，所以只能不断玩朴树家的狗来缓解尴尬。韩寒用了两张图来体现狗前后的容貌变化，令人印象深刻。

罗永浩在一次发布会演讲中提到一个概念"天生骄傲"，可是这样一个略显不接地气的主题要怎么表达才能真的打动人心呢？他准备了两个平凡人物的短视频，一个是普通司机刚遭遇"碰瓷"，又在路边遇到了一个倒在地上的孕妇，司机还是毅然选择了出手相助，另一个是市场里的店主对抗缺斤少两的"潜规则"时的挺身而出。两个视频不仅节奏紧凑，而且立意层次很高，平凡人的非凡举动，很好地烘托了他想阐述的"天生骄傲"。

沿着旧地图，
找不到新大陆。

6.4　演讲中的PPT"神操作"

可能不少人认为在使用PPT做演讲的时候，你只要按一下键盘上的F5键启动幻灯片放映，PPT的使命就算完成了。其实不然，PPT中还有不少小妙招等着你去发现。

PPT演示者视图

操作：按Alt+F5组合键，即可进入演示者视图模式。

好处：此时投影仪上显示的是左边的PPT界面，而演讲稿和下一页幻灯片缩略图只有演讲者能看到。演讲稿和PPT的完美结合，让你的演讲更有底气。

注：PowerPoint 2013及以上版本才有这个功能。

一秒黑白屏视图

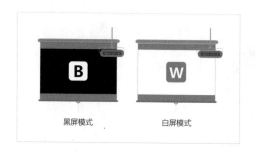

黑屏模式　　　　白屏模式

操作： 按键盘上的 B 键和 W 键分别对应黑屏（Black）和白屏（White）。在 PPT 投影模式下，按下对应的键即可切换黑白屏视图。

好处： 可以快速隐藏 PPT 的内容，相比直接退出更加方便。而且，若是 PPT 汇报结束，领导要上台颁奖/合影，也可以避免投影光线打在领导的脸上。

手机翻页器

操作： 直接在百度上搜索"PPT 遥控器"，下载并安装后打开，使用手机微信扫描二维码，手机就能秒变翻页笔。

好处： 培训讲课的时候肯定离不开翻页笔，可是有些时候难免出点意外状况，比如太着急忘了带，或者用着用着没电了，等等，这时"PPT 遥控器"就能应急帮上忙啦。

指针选项：为 PPT 划重点

操作： 在 PPT 投影模式中，单击左下角的指针选项（或者按鼠标右键调出），即可使用画笔工具，为 PPT 划出重点。

好处： 在汇报 PPT 的过程中，若需要让大家注意到某个部分，可以使用指针选项标记出来。相比口头表述某个位置/信息，用画笔圈出来会更加直接、准确。

世界上只有两种演讲者，
一种紧张，另一种特别紧张。

6.5　如何与紧张"和平共处"

如果你问想提高演讲水平的朋友："什么是你最想学的？"十有八九会回答你："如何克服紧张？"我目睹过很多演讲者有着演讲恐惧。常见的有演讲时忘词，甚至还没有开始演讲，肢体和面部肌肉已经无比僵硬了。在冯唐的《搜神记》中提到，罗永浩也曾坦言，如果做事业的同时，不用去做发布会这样的公开演讲，宁愿少活5年。也许读者觉得这个是夸张的说法，其实我一点没有夸张。

演讲恐惧可以说是演讲新手要克服的第一道关卡，而要科学解决，我们就更应该了解紧张背后的原因。

6.5.1　紧张竟然是因为这个在作怪

在我们的大脑中，有一个部位叫杏仁核，它在恐惧情绪的控制中起到极其重要的作用。一旦我们要上台演讲，大脑里的杏仁核就被激活了，相当于身体自我保护预警系统开启。肾上腺素会更多分泌，这使你呼吸急促，心跳加快，你潜意识里的力量无法得到释放，所以只能一直发抖。大脑的血液也被更快地带到四肢，于是头脑就一片空白。

生理上的解释告诉我们，其实每个人都会害怕当众讲话，只是程度不同而已，所以不要妄自菲薄觉得自己好没用。你需要向高手学习的是：如何像他们一样更好地控制紧张情绪。

6.5.2　缓解紧张的4种做法

1. 用肢体与微笑提升自信

　　现在你尝试把双手在胸前打开，然后说：我很内向。再双手在胸前交叉，说：我很自信。

　　怎么样？你是不是觉得很滑稽？道理很简单，说的话与身体语言不匹配，高姿态的身体语言配上低姿态的表达就会很搞笑。所以，要想演讲不紧张，你就应该有更自信、更开放的身体语言，否则我们会不由自主地用压抑、闭合、低姿态的身体语言降低我们的自信。

　　是不是学到了？再试一组动作好了，你现在可以把手自然垂下。再试试发自内心地微笑并说：我一点都不紧张。现在收起你的笑容，面无表情地说：我一点都不紧张。

　　你是不是发现了，用笑容暗示自己，会让你的注意力从紧张转到别的地方。紧张自然就缓解了不少。微笑除了能对自己缓解紧张有帮助，更重要的是，每个人都喜欢面带微笑的演讲者。

2. 比观众更早到现场

　　这是一个非常实用的技巧。如果你迟到了，设想一下，当你匆匆忙忙赶到现场的时候，观众全部都到齐了。在你进场的刹那，所有人的眼神就像聚光灯一样打在你的身上，你将难堪得无地自容。这时候，你对现场了解甚少，甚至不知道翻页器的使用方法和音响的效果。这时候你无疑是相当紧张的。

　　但是如果你比观众早到现场，这就是你的主场，你看着现场被人慢慢填满，这也是你适应现场的过程。如果可以，请提前熟悉一下走位、话筒音量和翻页器的使用。更重要的是，你可以和观众有提前的交流，了解他们的期待、喜好或者困惑。在这个过程中，你可以链接友善观众。在演讲的时候，如果你紧张了，就与认可并频频点头的人多做眼神交流，这也是一个很不错的妙招。

3. 生理舒缓法

　　在奥运会游泳比赛选手入场的时候，可以看到很多选手都戴着大大的耳机，他们就是通过音乐来缓解紧张情绪的。相对于心理建设对抗紧张见效慢，生理舒缓法有着立竿见影的效果。有些人上台前，让自己深呼吸并将气息缓缓吐出，用来消散紧张；有的人对着镜子，不断对自己说"你是最棒的"；还有人走到观众区里，从观众角度看看舞台上的情况，假设眼睛是一台相机，把现场的一切都拍下来，装进脑袋，消除陌生环境的不舒适感。

4. 超量的准备

圣安东尼奥马刺队是NBA中的传统强队，历史上曾5次夺得总冠军，并以低调、无私、奉献与团队精神闻名于世。在马刺主场的更衣室里，有一个相框，里面是一段著名的格言，那就是马刺精神的写照——当一切看起来无济于事的时候，我去看一位石匠敲石头，他连敲了100次，石头依然纹丝不动，但他敲第101次的时候，石头裂为两半。我知道，让石头裂开的并不是那最后一击，而是之前100次的敲击。

想要克服紧张情绪，最核心的方法还是超量的准备。

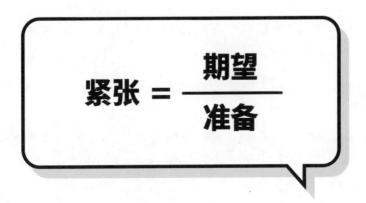

$$紧张 = \frac{期望}{准备}$$

向上级汇报、与下属交流，肯定是完全不同的两种心态。目标可能无法更改，但准备是可以改变的。上场练习的次数一定要多起来，重复练习有助于释放你的激情，让你的演讲更有趣，更有活力，最重要的是，更真实。曾经沧海难为水，除却巫山不是云。你看过大海后就会觉得小溪不过如此，所以要去挑战并拓展自己的心理舒适区，脱敏后紧张情绪会大大缓解。

所有的大人都曾经是小孩，
虽然，只有少数的人记得。

——安托万·德·圣埃克苏佩里《小王子》

我们在台上口若悬河

没想到观众却是这样的

6.6　观众无感怎么办

　　为何讲得口干舌燥，可越来越多的人开始玩手机，有的人开始打瞌睡，甚至有的人离开座位就不再回来？了解观众的需求，是演讲的前提，只有明白观众的口味，才能让你的演讲引人入胜、丝丝入扣。那他们为何而观看本次演讲，你想过吗？

6.6.1　观众的三种来源类型

01 为名人而来

如果演讲有了知名公众人物的参与，那观众的热情会瞬间被引爆。这就像著名歌星的演讲会、影迷见面会一样，无比火爆。有名人参与的演讲，很多观众主要是想亲眼目睹名人的风采，现场更有可能激动地流下热泪，演讲主题和内容早就不重要了，所以这类人群主动性高，参与感强。

02 为自己而来

还有一类人对演讲主题抱有极大的兴趣，不管是公司内部分享，还是社会上的技术讲座等，只要切合他们的切身需求，都会主动参与。这类演讲主要是为了满足观众的求知欲，只要内容充实，精心准备，观众一般都不会太过苛求。因为这种演讲的内容确实是自己急需的，演讲哪怕略显平淡无趣，只要集中精力，带着问题去思考，观众还是可能收获不少对自己有用的讯息的。

03 不得不来

在公司或者学校，有不少讲座或者会议是不得不参加的，有时候还会占用下班时间或者周末时间。去参加吧，实在是一万个不愿意，不参加的话不仅会被领导批评，更有甚者，还会直接与薪资绩效挂钩，令人心生厌烦。这样的演讲现场，底下坐着的观众肯定态度冷漠、缺少互动、心不在焉了。如果你相当有信心，明知山有虎，偏向虎山行，我给你的勇气点赞。如何面对观众的无感，再赢回他们的心呢？

"

艺术是表达，
而 PPT 是传达。

6.6.2　三个原则赢回观众

1 改变与观众的联系

　　在本书开头的章节里，已经提过分析观众的重要性。假设观众在演讲开始后，面无表情，注意力投入甚少，这也许和你演讲之前的准备不足有很大关系。知道观众为何而来并了解他们的喜好，对症下药讲他们感兴趣的内容，这才是正确之道。

　　如果演讲进行到一半，发现观众无感，那么此时的应对策略就是，尽量找到合适的机会告诉观众这个演讲主题和他们的相关性、对他们的重要性。例如你可以深入观众席，和大家诚恳地说："《旧唐书·魏徵传》有句名言——以铜为镜，可以正衣冠；以史为镜，可以知兴替；以人为镜，可以明得失。今天我的演讲中，有大量真实的案例，它们切切实实就发生在我们身边。可能演讲主题乍一听和我们没有什么联系，但大家只要用心听，就会发现今天的内容，都是和每个人密不可分的。"可以根据观众的类型与现场具体情况灵活发挥，只要能够强调并让观众明白这个演讲还是很有用的，相信就能引起他们的兴趣。

2 改换演讲风格

可能你的演讲主题很精妙，很多人看到后被深深地吸引。可是你的表达形式做得不到位，例如语音语调平淡无趣，导致不吸引人；缺少肢体语言，导致缺乏表现力。正是这些细节的不断积累，慢慢消耗掉了观众原本的热情。那么如何改换自己的演讲风格呢？

如果之前讲得太快，导致观众跟不上你的思路，那你就换一下语速，讲慢一点，甚至有时候，还可以故意来一个3秒钟的停顿，观众一定会满怀好奇地抬头，心想："咦，刚刚发生了什么，怎么鸦雀无声了？"如果之前的你，一直呆立在一个角落，那么可以尝试在舞台上左右走动一下，甚至和观众多一些眼神交流。实时观察观众的状态，如果你的声音太轻，导致后排观众听不见，那就大声一点，把声音提高两倍，保证瞬间调动观众注意力。

在演讲过程中，不少人也会抛出很多空泛的理论，这无疑是很摧毁观众的意志的，因为几乎没有人愿意听空洞的描述。爱因斯坦是这样描述相对论的："把你的手放在滚烫的炉子上一分钟，感觉起来像一小时；坐在一个漂亮姑娘身边整整一小时，感觉起来像一分钟。这就是相对论。"

3 改善观众的疲惫状态

还记得上学的时候一堂课是多长时间吗？是45分钟。可是你能注意力集中地完整听完整堂课吗？相信很困难。这几年信息的碎片化导致大家的注意力越来越涣散了。现在的部分职场人士，别说集中注意力45分钟，就连30分钟都有难度。所以你的演讲就算主题很精彩、策划得很周全、表达方式很有趣，但是如果你过了观众的注意力极限值，他们还是会照样进入疲惫无感期。

这时候，你可以和大家来一个肢体上的互动。例如我曾经参加过DISC李海峰老师的培训：每当场上学员情绪比较低落时，他就会让全体观众把右手举高，众人一起嘴里念着"wuxu——"同时把手向后挥舞。这个动作不仅能温柔善意地让观众认识到：哦，原来我刚刚有点走神。重复多次以后，还能完美打造现场的仪式感；真是一举多得。当然，遇到观众无感的时候，你还能播放一些提前准备好的视频或者图片，让观众用相对轻松的状态再次进入角色。关于视频和图片的用法，本书前文已经做了详尽描述，这里不再赘述。最后，如果观众无感，还有一个很重要的原因你可能会忽视：由于大家全情投入，你也乐在其中，竟然忘了要提供5~10分钟的休息时间，所以你应该让大家下课休息一下了。

人无笑脸莫开店，
胸无度量莫为师。

6.7　如何应对观众的"刁难"

听过一句话，印象很深："君子莫大乎与人为善。"

很多演讲者最害怕的就是问答环节。因为之前的演讲部分可以是自己提前精心准备的，并且经过多次排练，能保证在自己的可控范围之中。可是到了问答环节，就完全束手无策了。在 PPT 演讲或授课的过程中，我们不必担心每一个提问者都会别出心裁地为难你，偏执狂毕竟是少数。但偶尔也会突然冒出一个名副其实的刁钻问题令你猝不及防，甚至会在很长一段时间内给自己留下困扰。

或许发问的人，并不是怀着恶意：他们可能是天生好奇，凡事刨根问底；可能并未意识到演讲时间所剩不多，问题仍像连珠炮一样打向你；还可能是现场有他心爱的姑娘，仅仅是为了出风头……

6.7.1 为何你会觉得别人的问题刁钻

> **01** 所提的问题，**你不知道。**

比如观众提问你专业领域之外的问题。如果你问我财务知识，我只能惭愧作罢。梭罗说：知道自己知道什么，也知道自己不知道什么，这就是真正的知识。

> **02** 所提问题**与演讲主题或其他听众无关。**

提问者仅仅是凭个人兴趣提问。例如，你在演讲中提到自己在美国生活了两年，结果他追着你问：老师，我要怎么才能移民去美国？

> **03** 所提问题与演讲主题或其他听众有关，**但问题太过宽泛。**

演讲的时间有限，许多人的提问回答起来需要大量的时间。比如，我在演讲中，遇到过这么一个问题：冯老师，请问我要怎么快速提升自己的PPT能力？

首先，我是一直反对快速提升这样的说法的，这就好比你问我"老师，我要怎么才能从5岁快速长到15岁?"一样不切合实际。

其次，这样的问题确实不好回答，我心里还暗自盘算说，欢迎关注我们的微信公众号——向天歌，进一步有进一步的欢喜……却不料提问者还追问了一句：老师，请你详细说说。

6.7.2 观众发难的原因分析

既然我们已经知道了以上常见的三种情况，心里不免疑惑，为何会出现这些"刁难"问题呢？我总结了以下几点：

1. 确实想得到问题的答案。

2. 试探演讲者的水平。

3. 想出风头、吸引演讲者或别人注意，展示自己的才华。

4. 花了钱，觉得这个演讲不值，刁难你。

5. 天生爱问问题，答案不重要。

……

6.7.3　四种化解方法

01 棉花肚法

"这位观众看来对这个话题做过深入研究，问题问得很好，但是我们本次的演讲时间所剩不多，我已经把你的问题写在黑板上了，一会儿休息的时候，咱们互相交流一下。"

如果你懂这个问题，休息时间可以交流；如果不懂这个问题，不妨给自己一个私密的空间，赶紧上网查一下资料。

02 反弹法

"发言需要勇气，勇气需要鼓励，这位朋友是第一个发言的，我们掌声鼓励一下。问题也问得很好，刚好我们有3分钟时间可以讨论一下。我相信你一定非常关心和了解这方面的知识，我也想了解一下你针对这个问题，自己是不是有一些独到的见解？能否先给大家分享一下？"

为了怕他不说，你完全可以说："来，再次掌声鼓励一下这位朋友。"

03 转移法

"这位观众的问题问得很独到，很有水平。刚好我们还有3分钟的时间，可以讨论一下。在我回答这个问题之前，我想先听听其他朋友的宝贵想法。有想主动分享的朋友吗？"

如果没有观众愿意主动分享，你可以尝试邀请一些观众来分享。

邀请谁来分享，我有两个小心得：

1. 在你邀请他的时候，他不躲避你的眼神，说明他有信心，也有发言的冲动。

2. 尽量邀请在你演讲过程中，频频点头、和你有眼神互动的观众，这样可以有效避免再度冷场。

04 联系方式法

如果还是有人意犹未尽，一直想和你交流。你可以说：时间有限，这个话题确实很有意义，这个是我的微博@冯注龙，希望我们能有进一步交流的机会。

6.7.4　牢记三大原则

当演讲中遇到猝不及防的发难时，还有很多的解决办法，不论采取何种方法，我们都要时刻记住这三个原则：

1. 不让别人难堪，去尊重他

尝试着去赞美他，哪怕那一刻你的内心是慌乱的。这不仅能体现你的君子气概，还能为你赢得更多思考的时间。最不抱希望的时刻，痛苦常是意外的宽慰。如果我们能用智慧与宽容转化痛苦，相信你也会欣慰自己的成长。

2. 不要让自己难堪

遭遇观众的发难，千万不要因为惊慌失措导致发怒。一旦堕入愤怒的陷阱，即使你有威猛有力的羽翼也将寸步难行。在演讲前，多做练习，必要时用好前面提到的四种化解方法。

3. 不要让你的演讲失去控制

时间是有效的保障，所以一旦你遇到了棘手的问题，不妨在听完以后，设定一个回答时间，例如："我们用3分钟的时间，来共同探讨一下这个话题。"

此外，在你预感到现场有众多"不善者"的时候（但愿你此生都不会遇到），可以给他们设置一个障碍——让发问者说出自己的姓名、公司等，这样可以减少问题的数量，因为许多人不愿冒这个泄露个人信息的风险。这个办法对于在一个不是很熟悉的群体中演讲非常实用。

演讲中，难免会遇到各种突发情况，遇到了要保持君子风度，礼貌总是对付麻烦的良药。观众更喜欢举止大方、言语谦和的演讲者。他们会自动对那个给你制造麻烦的人产生反感，与你站在一起。

资源推荐

灵感创意

 花瓣网
采集你喜欢的美好事物，
发现新知，启发设计灵感

 站酷
综合性设计分享网站，
原创设计交流平台

 Pinterest
一个受世界瞩目的
全球大型创意灵感图片分享网站

 Behance
领先的创意设计类聚合平台

图片

 Unsplash
知名免费图库，可商用，
免费下载高分辨率照片

 摄图网
140万份正版高清照片、插画、
视频素材免费下载

 Pixabay
百万张免费高清图片，
高质量，可商用

 Pexels
提供高清尺寸且品质优良的
免费照片

字体

 字由
设计师必备字体利器，
国内外上千款精选字体

 云字库
适合中小型设计团队的
字体商用解决方案

 求字体
找字体神器，
提供中文和英文字库下载

 识字体
在线图片字体识别网站

素材

 千图网
海量设计素材免费下载，
轻松设计，高效办公

 千库网
为设计师提供PNG图片和素材、
背景图片等

 freepik
优质的矢量素材网站,
大多数免费

 昵图网
国内著名的图标搜索及管理平台，
300万个图标下载

配色

 Kuler
网页设计师配色的上佳之选

 WebGradients
提供180种渐变配色灵感的网站

  Color Hunt
配色灵感收集，
可以提交或收藏自己喜欢的配色

 Peise
超实用的色轮配色，单色、互补色
等方案众多

模板

 51ppt
海量的免费PPT模板下载，
经过筛选质量不错

 OfficePLUS
微软Office官方在线模板网站

 稻壳儿
分享有价值的文档、
视频和模板资源

 Presentation
全球高设计水平的PPT模板站

向天歌大礼包

微信扫码关注公众号，回复：**PPT之光**

即可查看视频讲解、素材下载与思考题答案等全书配套素材

向天歌PPT设计手册

向天歌字体手册

向天歌50套精品PPT模板

向天歌水墨笔刷大集合

向天歌200页精品图表

向天歌200张高清图片